# CINEMA 4D
## プロフェッショナルワークフロー

コンセプトから完成ビジュアルまで、
第一線で活躍するクリエイターたちによる制作ノウハウ

［著者］阿部 司、遠藤 舜、豊田 遼吾

Born Digital, Inc.

【本書のダウンロードデータと書籍情報について】
本書に付属のダウンロードデータは、ボーンデジタルのウェブサイト（下記URL）の本書の書籍ページ、または書籍サポートページからダウンロードいただけます。

http://www.borndigital.co.jp/book/

また本書のウェブページでは、発売日以降に判明した誤植（正誤）情報やその他の更新情報を掲載しています。本書に関するお問い合わせの際は、一度当ページをご確認ください。

【ダウンロードデータの解凍方法】
ダウンロードデータはパスワード付きのzip圧縮ファイルとなっています。以下の解凍用パスワードを使用し、対応したツール（解凍ソフト）で展開してください。

解凍用パスワード：b6rwzt57

なお、ダウンロードコンテンツの追加やその他更新情報等も本書の書籍ページにてご案内しますので、定期的に書籍ページをご確認いただくことをお勧めします。

【ダウンロードデータについて】
ダウンロードデータは各Chapterごとにフォルダ分けされており、それぞれのフォルダにはそのChapterに関連するデータが含まれています。

また、ダウンロードデータ内のCINEMA 4Dのシーンファイルは、**CINEMA 4D R18以降**のバージョンでお使いいただくことができます。

本データの詳細と取り扱いにつきましては、ダウンロードデータ内のReadmeファイルをご確認ください。

■ ダウンロードデータご使用上の注意
本書に付属のデータはすべて、データファイル制作者が著作権を有します。当データは本書の演習目的以外の用途で使用することはできません。著作権者の了解無しに、有償無償に関わらず、原則として各データを第三者に配布することもできません。また、当データを使用することによって生じた偶発的または間接的な損害について、出版社ならびにデータファイル制作者は、いかなる責任も負うものではありません。

■ 著作権に関するご注意
本書は著作権上の保護を受けています。論評目的の抜粋や引用を除いて、著作権者および出版社の承諾なしに複写することはできません。本書やその一部の複写作成は個人使用目的以外のいかなる理由であれ、著作権法違反になります。

■ 責任と保証の制限
本書の著者、編集者および出版社は、本書を作成するにあたり最大限の努力をしました。但し、本書の内容に関して明示、非明示に関わらず、いかなる保証も致しません。本書の内容、それによって得られた成果の利用に関して、または、その結果として生じた偶発的、間接的損傷に関して一切の責任を負いません。

■ 商標
本書に記載されている製品名、会社名は、それぞれ各社の商標または登録商標です。本書では、商標を所有する会社や組織の一覧を明示すること、または商標名を記載するたびに商標記号を挿入することは行っていません。本書は、商標名を編集上の目的だけで使用しています。商標所有者の利益は厳守されており、商標の権利を侵害する意図は全くありません。

## はじめに

今回は、クライアントのwilson様・クリプトメリア様の多大なご協力のおかげで、実際の業務の内容を執筆することができました。
個人ベースのクライアントワークの具体的な内容というのは、表に出る機会が少ない印象がありましたので今回の執筆作業は貴重な機会でした。
一人で多くのモデル・静止画を計画的に、効率よく作成していく工程やCINEMA 4Dの数多くあるツールの中の一部ではありますが、具体的な使用方法などを紹介しています。

Chapter01：阿部 司

この章では、普段私がやっているメカ系モデリングの制作ワークフローを紹介します。
自身が考えるデザインのアイデアをどう形にしていくのかをポイントを押さえながら、CINEMA 4Dのモデリング技法の工程を交えつつ分かりやすく解説します。
この章で悩んでいた点や曖昧だったことを解消して、制作の表現に役立てていただければと思います。

Chapter02：遠藤 舜

私の章では広告の分野における3Dイラストの制作手法を紹介しています。
CINEMA 4DとOctane Renderを用いた制作フローに加え、実際に3Dイラストを仕事として進める上でのポイントや、アイデアの出し方、魅力的な構図の作り方・視線の誘導についても解説しています。
解説している制作フローは時間はかかりますが、決して難易度の高いものではないので楽しみながら取り組んで、ご自身の作品作りに活かしていただければ幸いです。

Chapter03：豊田 遼吾

Contents

# Chapter01：Wilson Baseball Gloves　　001

## 1-1 Wilson Baseball Gloves イメージCG ................... 002

## 1-2 モデリング ............................................. 003

### 1-2-1 3Dスキャンでたたきのモデル作成（Agisoft PhotoScan使用） ........ 003
モデリング方法決定 ..................................................003
Agisoft PhotoScan というアプリケーション ..............................004

### 1-2-2 リトポロジーモデリング ....................................... 006
スキャンモデルの読み込み ............................................006
ポリゴンペンツール ..................................................008
ローポリ +SDS ......................................................012
微調整作業 ..........................................................014
パーツごとにオブジェクトを分離して調整 ................................015

### 1-2-3 レース・締め紐・バインディングのモデリング ................... 024
レースの作成：レースのパスとなるスプラインの作成 ......................025
レースの作成：断面スプラインの作成 ..................................027
レースの作成：締め紐 ................................................028
バインディングのモデリング ..........................................030

### 1-2-4 ラベルのモデリング ........................................ 037
平面的にモデリング ..................................................037
サーフェイスデフォーマ .............................................039

### 1-2-5 ウェブのモデリング ........................................ 045
平面的にモデリング ..................................................045

### 1-2-6 ステッチのモデリング ...................................... 049
沿わせるスプラインを作成する ........................................049
Mograph を使用したステッチの大量複製 ................................051
スプラインラップデフォーマを使用して配置する ........................053
SDS 分割数の調整 ...................................................055

## 1-3 マテリアル ............................................. 057

### 1-3-1 UV編集作業 .............................................. 058
### 1-3-2 レザーマテリアルの詳細設定 ............................... 065
### 1-3-3 レースのマテリアル ...................................... 072
スイープオブジェクトを使用して作成されたオブジェクト ..................072

## 1-4 ライティング～レンダリング～レタッチ ..................... 074

## Contents

- **1-4-1** スタジオセットアップ .......... 074
  - 完成イメージを考える .......... 074
  - ライティング .......... 075
- **1-4-2** レンダリング設定 .......... 079
  - V-Ray 設定 .......... 079
  - マルチパス設定 .......... 082
  - レタッチで完成へ！ .......... 087

### 1-5 ギャラリー .......... 090

- **1-5-1** まとめ .......... 098

# Chapter02：警備・護衛用人型ロボット 099

### 2-1 概要と下準備 .......... 100

- **2-1-1** デザインコンセプト .......... 101
- **2-1-2** スケッチ .......... 102

### 2-2 モデリング .......... 104

- **2-2-1** モデリング手法について .......... 104
- **2-2-2** ベースメッシュモデリング .......... 105
  - プレビュー設定 .......... 105
  - ベースメッシュ作成 .......... 105
- **2-2-3** 頭部モデリングの開始 .......... 107
  - SDS モデリングを行う上でのポリゴン作業の注意点 .......... 108
  - エッジを立たせる .......... 111
- **2-2-4** スカルプトモデリング .......... 116
  - スカルプトモードでの作業 .......... 116
- **2-2-5** リトポロジー .......... 122
  - リトポロジー準備 .......... 122
  - リトポロジー作業 .......... 123
  - 円形ディテールの追加のための分割 .......... 125
  - その他の分割 .......... 129
  - 四角形のディテール追加 .......... 130
  - 頭部モデル完成 .......... 132
- **2-2-6** ポリゴンモデリング .......... 133
  - 関節用ダンパー作成 .......... 133

Contents

　　　　　ブールタイプAとBを合体 .................................................. 138
　　2-2-7　各パーツのモデリング ................................................ 142
　　　　　首パーツ ............................................................ 142
　　　　　首回りの装甲 ........................................................ 143
　　　　　背面装甲 ............................................................ 145
　　　　　背骨 ................................................................ 146
　　　　　胸部装甲 ............................................................ 150
　　　　　腰回り .............................................................. 151
　　　　　腕 .................................................................. 152
　　　　　手 .................................................................. 154
　　　　　脚部 ................................................................ 156
　　　　　関節装甲 ............................................................ 161
　　　　　全体のバランス ...................................................... 162
　　　　　ダンパー配置 ........................................................ 163
　　　　　ボルト、ナットの配置 ................................................ 164
　　　　　完成 ................................................................ 166

## 2-3 UV ............................................................... 167

　　2-3-1　UVの展開 .......................................................... 167
　　　　　頭部側面のUV展開 .................................................. 167
　　2-3-2　UVをまとめる ...................................................... 172
　　　　　複数オブジェクトのUV情報を一括でまとめる方法 ...................... 173

## 2-4 レンダリング .................................................... 176

　　2-4-1　レンダリング準備 .................................................. 176
　　　　　レンダラ ............................................................ 176
　　　　　デカールテクスチャー ................................................ 176
　　2-4-2　マテリアル ........................................................ 178
　　　　　簡易的なライティング ................................................ 178
　　　　　主要なマテリアル .................................................... 178
　　　　　マテリアル作成の流れ ................................................ 179
　　2-4-3　ライティング ...................................................... 183
　　2-4-4　ポージング ........................................................ 185
　　2-4-5　レンダリング設定 .................................................. 186
　　　　　Arnoldの設定 ...................................................... 186
　　　　　AOVs設定 .......................................................... 187
　　　　　Asset/Tx Manager .................................................. 188
　　　　　レンダリング ........................................................ 190
　　2-4-6　コンポジット作業 .................................................. 190

# Contents

## 2-5 ギャラリー .................................................. 195
### 2-5-1 まとめ .................................................. 204

# Chapter03：ハンバーガー店のビジュアル制作　205

## 3-1 概要 .................................................. 206
### 3-1-1 3Dイラストについて .................................................. 206

## 3-2 制作準備 .................................................. 208
デザインコンセプト（ミニチュアのハンバーガー工場） ..................208
モデリングのポイント ..................208
レンダリングのポイント ..................208
キーワード ..................208
### 3-2-1 資料収集・スケッチ .................................................. 209
### 3-2-2 小ラフ制作でアイデア出し .................................................. 210
### 3-2-3 本ラフ制作 .................................................. 211
ミニチュア3D制作の際に意識するポイント ..................212
### 3-2-4 クライアント確認 .................................................. 214
### 3-2-5 作業環境のセットアップ .................................................. 216
Octane Render 動作環境 ..................216
インストール ..................216
インターフェイスのカスタマイズ ..................216

## 3-3 モデリング .................................................. 219
### 3-3-1 モデリング前の事前準備 .................................................. 219
ビューポートへの表示 ..................219
グリッド間隔の設定 ..................220
### 3-3-2 土台のモデリング .................................................. 221
### 3-3-3 各パーツのモデリング .................................................. 222
ハンバーガーの制作 ..................223
ドリンクの制作 ..................229
ポテトの制作 ..................230
トレイの制作 ..................231
トマトの制作 ..................231
唐辛子の制作 ..................232
ソーセージの制作 ..................232

## Contents

　　　帽子の制作........................................................233
　　　ハーブ類の制作....................................................238
　　　調味料類の制作....................................................239
　　　電子レンジ・コンロの制作..........................................240
　　　フライパン・ナイフ・まな板の制作..................................241
　　　看板類の制作......................................................241
　　　機械の制作........................................................242
　　**3-3-4** 素材の配置..................................................243
　　**3-3-5** 構図の検討..................................................244

## 3-4 カメラ・ライティング・レンダリング設定...........................245
　　**3-4-1** カメラ設定..................................................245
　　**3-4-2** 太陽光でのライティング......................................247
　　**3-4-3** レンダリング設定............................................247
　　**3-4-4** Live Viewerの操作..........................................249
　　**3-4-5** エリアライトで制作する場合..................................251

## 3-5 テクスチャリングと配色計画......................................253
　　**3-5-1** 配色計画・テクスチャの選定..................................253
　　**3-5-2** マテリアルの制作—Live DB..................................254
　　**3-5-3** マテリアルの制作—基本的なマテリアルの制作..................255
　　**3-5-4** グラフィック素材の制作......................................259

## 3-6 レンダリング....................................................261
　　**3-6-1** レンダリングの設定..........................................261

## 3-7 レタッチ〜仕上げ................................................263
　　**3-7-1** レタッチ作業................................................263

## 3-8 ギャラリー......................................................270
　　**3-8-1** まとめ......................................................281
　　　自分の世界観を作るには............................................281

　　索引..............................................................282

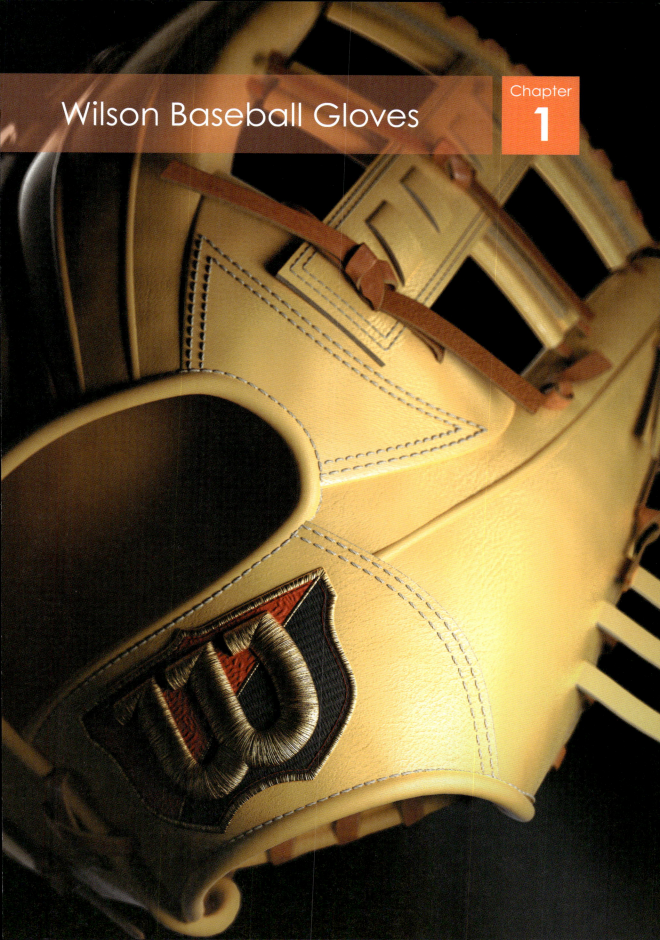

# Wilson Baseball Gloves

Chapter 1

## Chapter 1-1　Wilson Baseball Gloves イメージCG

この章で紹介する作例は、クライアントワークです。
スポーツ用品メーカーwilsonさんの、野球用グローブのカスタム注文に対応したWeb CG用静止画の作成を担当いたしました。

Wilson Sporting Goods：http://www.wilson.co.jp/baseball-softball/

野球は、守備のポジションにより形状の異なるグローブを使用するので形状だけとっても多種に渡り、今回は各パーツの色や素材のカスタマイズに対応するCGを作成する必要がありました。グローブと各パーツの3Dモデルの流用も視野に入れ、効率良くたくさんのグローブを作成できる作業工程を意識して作業しました。
その中で、内野手用のグローブモデルに絞ってモデリングをメインにレンダリングまでの制作工程を紹介いたします。

# Chapter 1-2 モデリング

野球グローブというモデルを考えてみます。
まずは実物を様々な視点から観察します（今回はクライアントから実際のグローブをお借りしてきました）。
有機的な形状で、基準となる面（3D空間でいうところのXZ、XY、YZ平面など）が見当たりません。受球面（ボールを取る部分）は内側に入り込んでおり、三面図的に写真を撮影し、下敷きとして使用するにも効率が悪そうです。
昨今ではプロダクトCGの作成では、クライアントからCADデータをご提供いただける機会が多いですが、今回はありません。ボールを掴む道具ですので動かせば簡単に形状が変形します。CINEMA 4Dでいきなりサンプルを見ながらモデリングを開始することは困難と判断し、方法を模索します。

## 1-2-1　3Dスキャンでたたきのモデル作成（Agisoft PhotoScan使用）

### モデリング方法決定

たどり着いたモデリング方法は、お借りしたサンプルモデルを3Dスキャンし、読み込んだオブジェクトをたたきとしてスタートさせる方法です。
高価な3Dスキャナーを購入することは見送り、Agisoft PhotoScanを使用しました。

Agisoft PhotoScan：http://www.agisoft.com/
OakCorp WEB：http://www.oakcorp.net/photoscan/

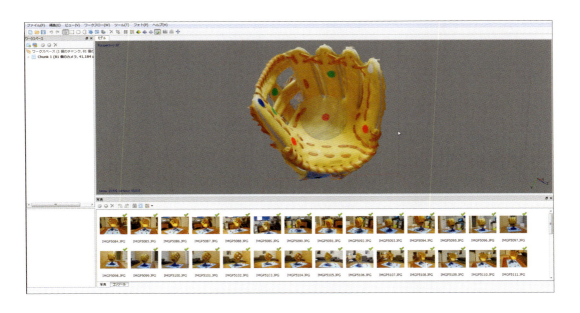

たたきとして書き出した3D形状は非常に細かいメッシュで構成されているので、編集作業には向いていません。リトポロジー作業をしてローポリで再構築し、SDSできれいな曲面を生成する作戦です。

## Agisoft PhotoScanというアプリケーション

いきなりCINEMA 4D以外のアプリケーションでの作業となってしまいましたが、CINEMA 4Dでの作業をより効率よく、集中して進めるためにAgisoft PhotoScanを今回は選択しました。
Agisoft PhotoScanは、ハードウェアで対象オブジェクトをスキャニングするのではなく一般的なデジタルカメラであらゆる角度から撮影し、その写真を読み込むことで3Dオブジェクトを構築する手法です。
撮影環境は下の写真の状態です。

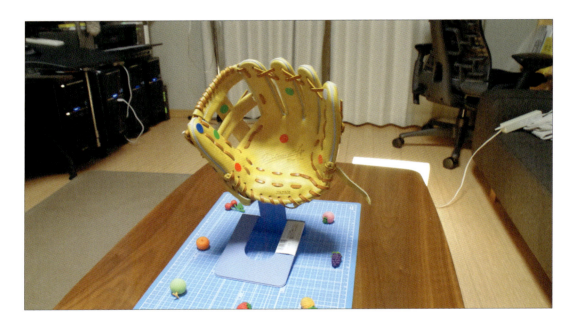

Agisoft PhotoScanでの3Dスキャン作業のコツとしては、次の通りになります。

**・明るい環境下で写真撮影する**
これは、細部のディテールが暗いと形状や位置関係を認識しにくいことがあるからです。

**・なるべくたくさんの写真を撮影する**
各写真の撮影角度がオーバーラップするように撮影していきます。対象オブジェクトは反射などツヤのあるものではなく、なるべくマットな素材であることが望ましいです。極端に反射があるオブジェクトですと、反射像により形状や位置関係が不明瞭になるからです。反射率の高いオブジェクトをスキャンする場合は、スプレー塗料などでマットな質感にしてからスキャンするとうまくいきます。

今回はお借りした大切なグローブですので、スプレー塗料で塗ってしまう訳にはいきません。幸い反射率がそれほど高くないこともあり、影響は少ない印象でした。

ただ、グローブ形状を何もせずにそのまま撮影してスキャン作業を進めると、うまくスキャンできませんでした。原因としては、グローブ自体が手袋のような比較的厚みの少ないオブジェクトであったため、手の平側なのか、手の甲側なのかの判別がうまくできなかったり、大きく穴があいてしまったりと、次図のようにうまく読み込むことができませんでした。

試行錯誤の結果、左ページの最終の撮影環境のようにグローブ自身に色の付いたマーキングを数箇所付け、地面には、柄を認識しやすいようなカッターマットと位置関係を認識しやすいように小物を配置しました。

一番効果があったのが、地面の工夫でした。写真撮影する際に、カッターマットと小物も含めた状態の写真を撮影するように心がけることで、撮影位置が正しく認識されきれいにスキャンすることができました。

3Dスキャンというと、高価なハードウェアが必要である、という印象を私は持っていました。しかし、どのくらいの精度のモデルが必要なのかを検討し、今回のように、モデリングのたたき台としてのスキャンモデル作成であれば、Agisoft PhotoScanは非常にコストパフォーマンスの高いソフトであると実感しました。今後もモデリングの際に活用していこうと思っています。

## 1-2-2 リトポロジーモデリング

リトポロジーとは、ポリゴンメッシュの再構築のことを指します。3Dスキャンで書き出したオブジェクトは非常に細かいメッシュで、様々なパーツが一体化された状態です。この3Dスキャンオブジェクトは編集作業に不向きなため、作業の効率化を図るために、ポリゴンペンツールを使用し、ローポリゴンオブジェクトで再構築していきます。再構築したローポリゴンオブジェクトはSDS（サブディビジョンサーフェイス）を適用して、編集作業にも向いていて、かつ滑らかなハイポリゴンメッシュに仕上げていきます。

### スキャンモデルの読み込み

Photoscanで作成したOBJモデルをCINEMA 4Dに読み込んだ状態からスタートします。
スキャンしたモデルはスケールが合っていないので、**ツール＞測定作業**を使用してモデルの大きさを測り、スケールを合わせます**(Sample Data：Ch01_01)**。

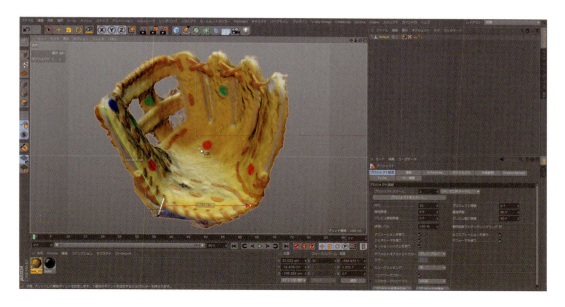

形状は非常に粗いです。Photoscanでの作業をもっと工夫し、時間をかけることで、よりきれいなスキャンモデルを作成できます。

その後、キャッチャーミットやファーストミットもスキャン作業をしたところ、撮影時間を夜から昼に変更することで、より撮影環境を明るくすることができ、下図のようによりキレイに読み込むことができました。

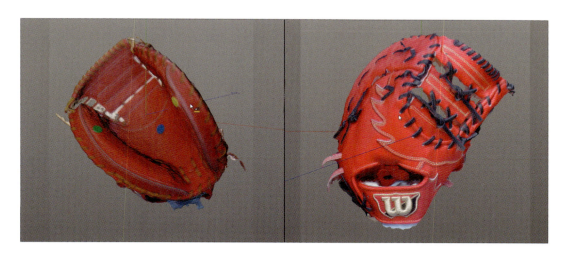

今回はあくまでたたきの形状として使用し、全体のボリュームや各パーツの位置を把握するためのものなので、下図の粗い物でも十分に使用できました。

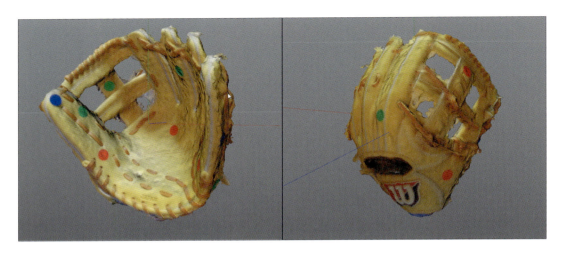

ゼロからいきなりモデリングを始めて、全体のシルエットやバランスを調整していくことを考えますと、これだけでも、モデリング初期段階の作業効率を格段に上げることができました。

## ポリゴンペンツール

ここからCINEMA 4Dでの本格的な作業に入ります。
リトポロジー作業を開始します。
リトポロジーとは、ポリゴンメッシュの再構築のことを指します。
3Dスキャンしたオブジェクトをメッシュ表示すると、下図のように非常にたくさんの小さいポリゴンで構成されているのがわかります。

Step 01 実際にポリゴンペンを使用して、**メッシュ＞作成ツール＞ポリゴンペン**でリトポロジー作業をおこなってみます。

　　ツールの属性で**投影モード**にチェックを入れます。これで透視ビュー内で作成されたポリゴンが3Dスキャンオブジェクトのポリゴンにスナップされます。

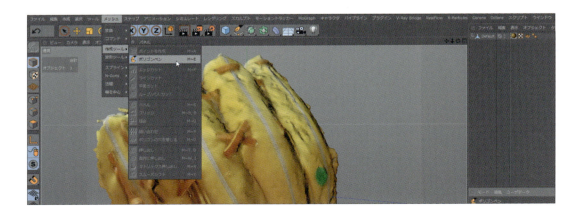

| Step 02 | **ポイント**モードで透視ビュー内を4回クリックし（4回目はダブルクリック）、四角ポリゴンを1枚作成します。 |

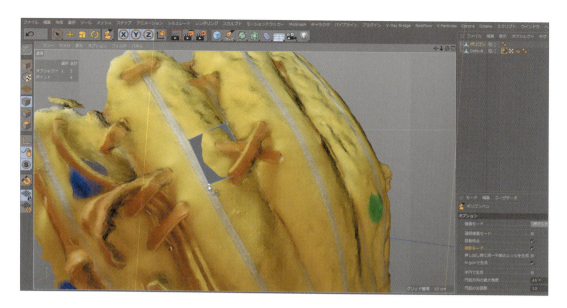

| Step 03 | カーソルを四角ポリゴンのポイント・エッジ・ポリゴンに移動するとハイライト表示されます。それぞれをドラッグすることで、モード切り替えや移動ツールへの切り替えなしに編集することができます。 |

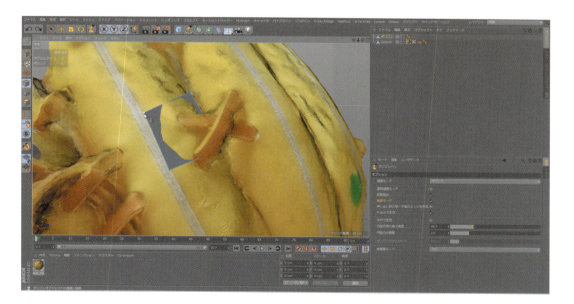

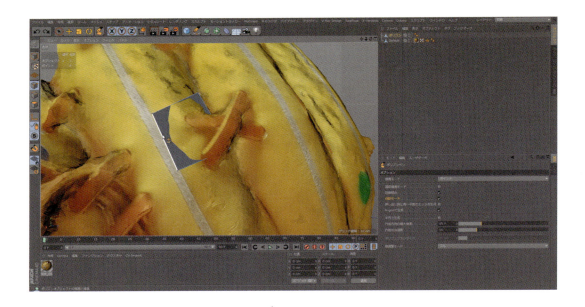

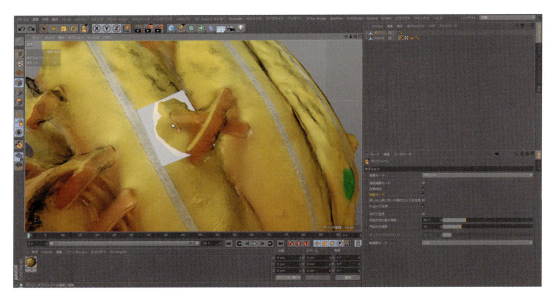

| Step 04 | 続いて、効率よくポリゴンをどんどん作成していきます。
ツールはポリゴンペンのままにしておき、エッジにカーソルを持っていき、ハイライト表示させます。
**Ctrl**（Macの場合はcmd）キーを押しながらエッジをドラッグすると新たなポリゴンが作成されます。 |

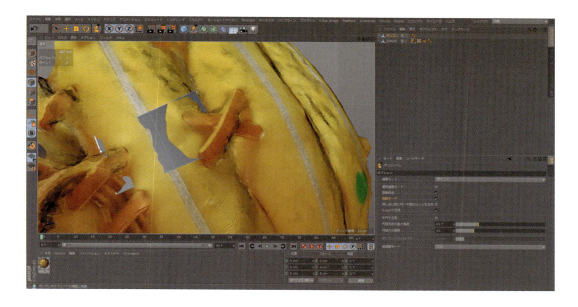

| Step 05 | この作業を何回もおこない、ポリゴンを3Dスキャンオブジェクトに這わせた状態でどんどん作成することができます。途中で気になるポイント・エッジ・ポリゴンがあればドラッグするだけで、微調整することができます。

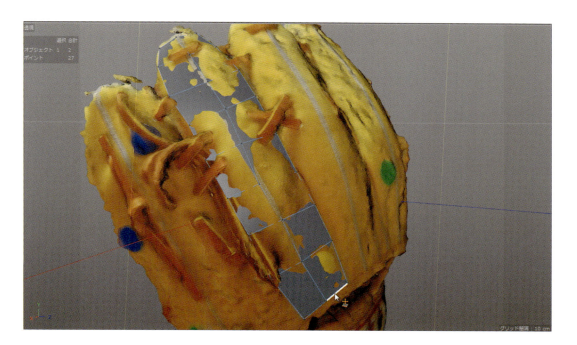

## ローポリ+SDS

**ポリゴンペン**で作成し始めたオブジェクトは**SDS**の子にします。
**SDS**とは**サブディビジョンサーフェイス**の略で、ポリゴンメッシュを規則的に分割することで、滑らかな曲面が得られるオブジェクトです。
ローポリゴンオブジェクトを編集しながら、滑らかなハイポリゴンオブジェクトを作成できるので大変便利です。

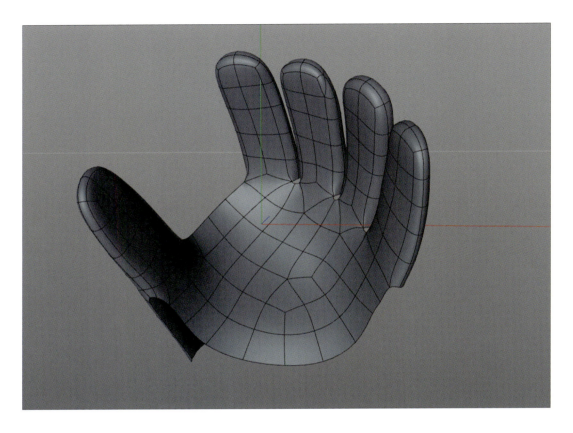

一番注意した点は、四角ポリゴンで構成することとできる限りローポリで作成することです。クライアントワークですので、モデルチェック時に柔軟に対応するためです。
また、今回のプロジェクトでは、形状が似ている別モデルが数種類ありました。すべてのモデルをゼロからモデリングすることは、非効率的です。既存形状をアレンジすることで別モデルを制作する必要がありました。**ローポリ+SDS**で作成することで、これらのアレンジが可能となりました。

アレンジの例として、今回のプロジェクトの中で、没手用グローブは大きく分けて3種類のモデルを作成する必要がありました。全体のシルエットは共通ですが、各パーツの形状や配置が異なる仕様です。共通部分は変更を一切加えずに作業することでシルエットが保たれ、形状が異なるパーツ部分にはローポリモデルに思い切って変更を加えることで、アレンジを効率よく作成することができました。

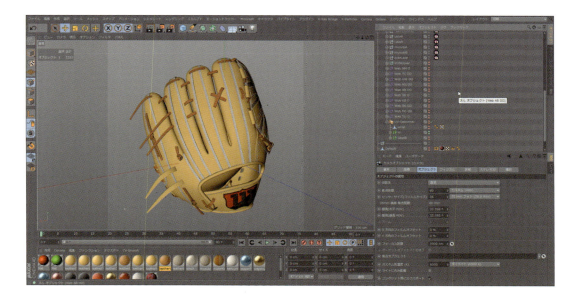

最初に作成した投手用グローブの人差し指と中指、中指と薬指の一部が一体化されていた部分が、すべて別れた形状になっています。

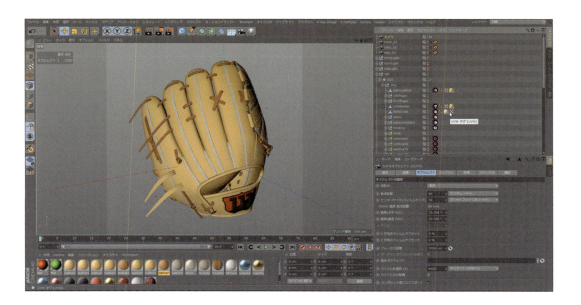

指先のシルエットはそのままに、指の付け根から手首までが全く異なる形状のグローブでしたが、ローポリで作業していたため、容易に編集することができました。

はじめからハイポリで作業してしまうことは、後の調整作業やアレンジ作成をすることが困難になり作業効率に非常に影響します。

今回のように、調整作業やアレンジ作成があらかじめ予想される場合は、やみくもに作業を進めるよりも、全体のモデリング計画をある程度考えてから着手する必要があります。

## 微調整作業

ポリゴンペンで作成したオブジェクトのポイントはスキャンモデルにスナップされました。SDSを適用することで滑らかに補完されて一回り小さいモデルになりがちです。一通りポリゴンペンでの作業が終わったら、ポリゴンモードに切り替え、全ポリゴンを選択し、**メッシュ＞変形ツール＞法線に沿って移動**で少し外側にふくらませます。

次に、エッジモードに切り替え、各エッジの位置を**移動**ツール（座標系はオブジェクト）で調整し、SDSが適用された状態で、うまくスキャンモデルにオーバーラップするように調整します。座標系を**オブジェクト**にし、各エッジを移動する方法は、シンプルで地味ですがエッジを法線方向に微調整できるので非常に便利です。

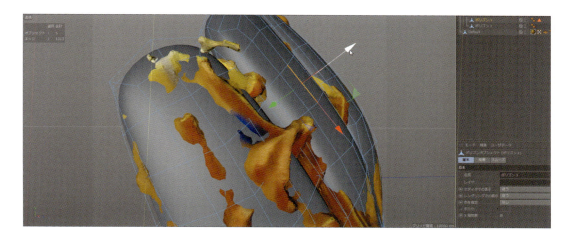

ここまでの1オブジェクト+SDSで形状を作成し調整する作業は、今回のモデリング作業で最も重要な部分です。
スキャンモデルがあるとはいえ、それを鵜呑みにはせず、現物をよく観察し、全体のシルエットとバランスを確認し、納得がいくまで微調整を繰り返します。

## パーツごとにオブジェクトを分離して調整

オブジェクト+SDSで微調整をした状態が下の図です **(Sample Data：Ch01_02)**。

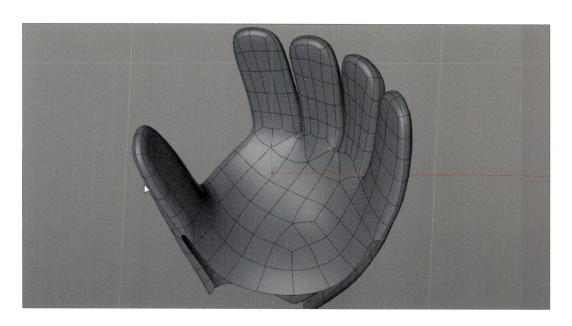

Chapter01 : Tsukasa Abe　015

ここから次のように各パーツに分離していき、ステップバイステップで解説します。

・手のひらのレザー
・各指の手の甲側のレザー

| Step 01 | 分離するには、モードをポリゴンモードに切り替えてグローブのポリゴンを選択して右クリックします。次に、ポップアップメニューから**別オブジェクトに分離**を使用し、選択ポリゴンを別オブジェクトに分離します。 |

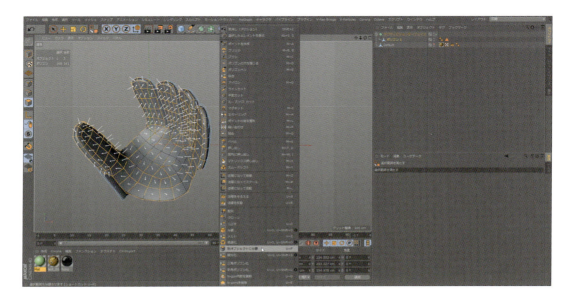

| Step 02 | 分離後は、選択されているポリゴンを**Delete**キーで削除し、ポイントモードに切り替え、右クリックしてポップアップメニューから**最適化**で不要なポイントを削除します。 |

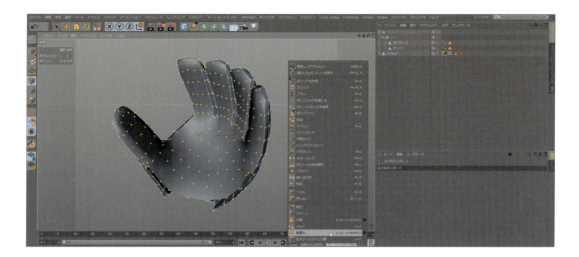

**Step 03** オブジェクトマネージャを見ると、別オブジェクトに分離したことで、SDSの子オブジェクトが2つになりました。SDSはすぐ下の子に対して適用されますので、オブジェクトマネージャで2つのオブジェクトを選択後、右クリックしてポップアップメニューから**オブジェクトをグループ化**でグループ化し、すべてのオブジェクトにSDSを適用させます。

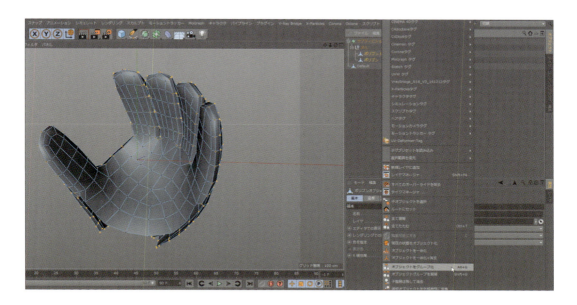

次のようにグループ化されました。

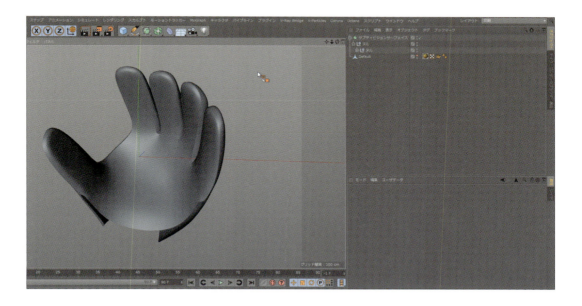

| Step 04 | SDSの特性上、分離したオブジェクトの境界エッジが立ってしまうことがあります。そこで、分離したオブジェクトの境界エッジを、Vキーで現れるポップアップメニューから**選択＞ループ選択**し、**境界ループオプションをON**で選択します。 |

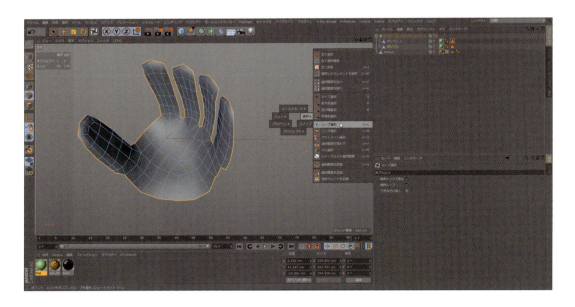

次に、右クリックしてポップアップメニューから**押し出し**で**押し出し角度**を調整し、内側に若干押し出します。

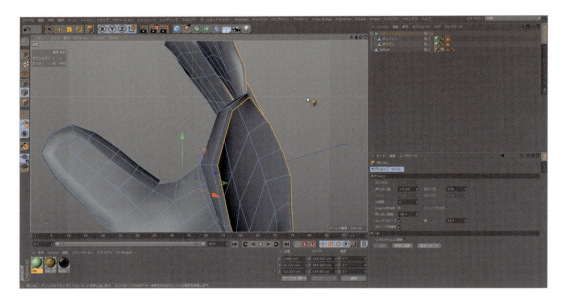

**Step 05** 手の甲側の指の各パーツも同様の方法で分離していきます。
分離したいポリゴンを選択し、右クリックでポップアップメニューを開き、**別オブジェクトに分離**を使用し、選択ポリゴンを別オブジェクトに分離します。

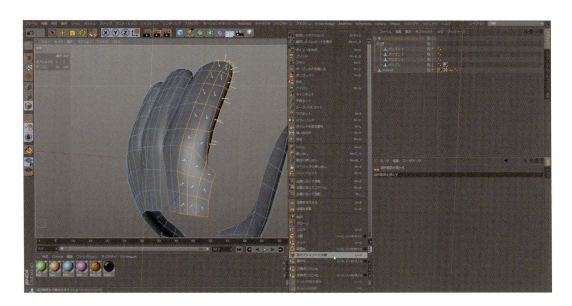

**Step 06** 分離によって不要なポイントが発生しますので、ポイントモードに切り替え、右クリックしてポップアップメニューから**最適化**で不要なポイントを削除します。

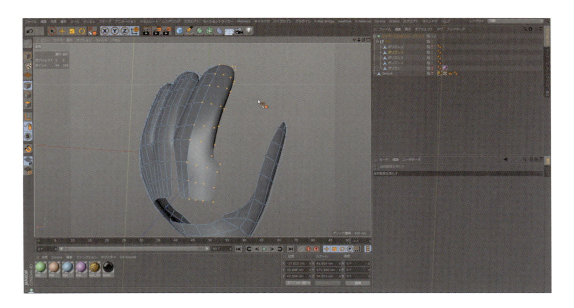

| Step 07 | 同様の方法で各指のパーツを分離すると図のようになりました。
指先を見ますと、手の平側の時と同様に分離したエッジ部分が尖ってしまっています。

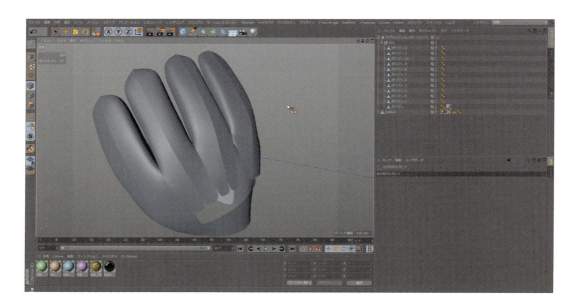

| Step 08 | エッジモードで尖ってしまっている境界エッジを選択します。

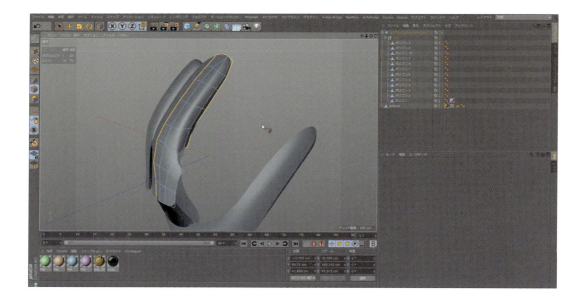

| Step 09 | 右クリックでポップアップメニューを開き、**押し出しツール**で**押し出し角度**を調整し、内側に若干押し出します。

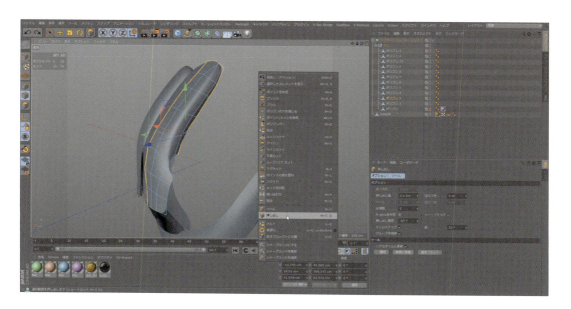

下図は、分離したオブジェクトのみ表示した状態です。

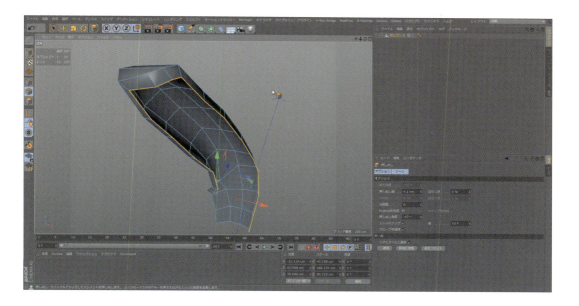

Step 10　すべての分離した指のパーツに同じ作業をすると図のようになりました。

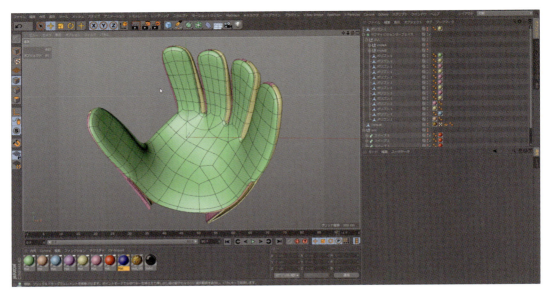

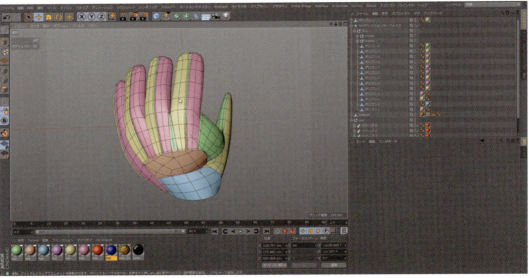

境界のエッジが整えられ、**SDS**を**ON**にした時にパーツ間に適度な窪みができ、リアリティーが増します**(Sample Data：Ch01_03)**。

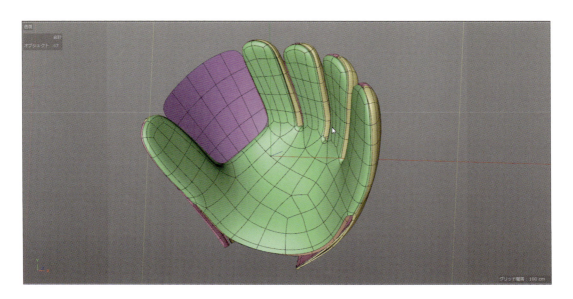

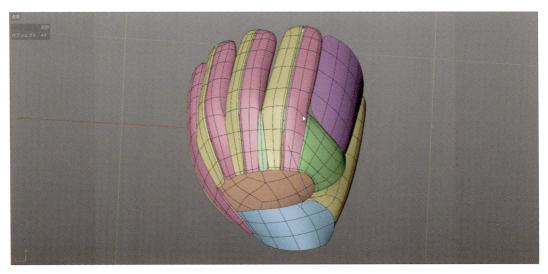

この時点で、**ウェブ**という親指と人差し指の間の網状のパーツのたたきとなるオブジェクトも作成してあります。
全体のシルエットとバランスをよりつかめるようにするためです。

## 1-2-3 レース・締め紐・バインディングのモデリング

グローブのパーツを繋ぐ革紐のことを**レース**、手にフィットさせるために締め付ける紐を**締め紐**、手の甲が見える部分を覆う廻り縁の革のことを**バインディング**(別名：へり革)と呼びます。これらはすべて紐状のオブジェクトなので、今回は主にスイープオブジェクトを活用していきます。すべて作り終えると下図(上：表面、下：裏面)のようになります。

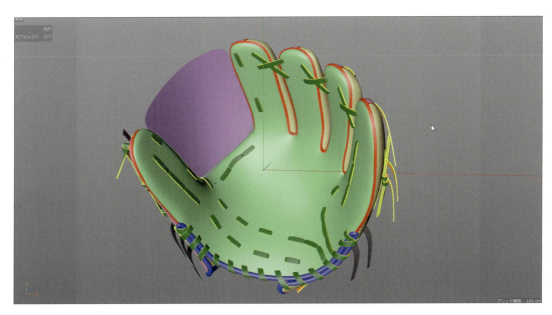

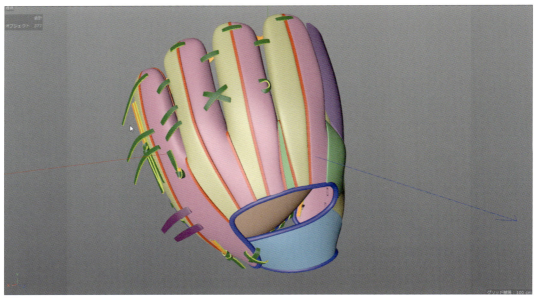

## レースの作成：レースのパスとなるスプラインの作成

**スイープオブジェクト**のパスとなるスプラインを**ペン：タイプ線形**ツールで作成していきます。

**Step 01**　スキャンオブジェクトを表示し、透視ビュー上でレース位置のポイントをクリックしてスプラインを作成します。

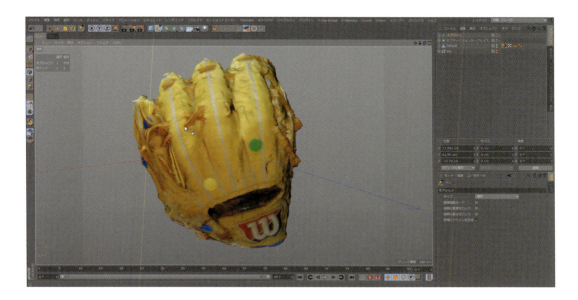

**Step 02**　このままだとスプラインがグローブにフィットしていないので、アングルを変えずに全ポイントを選択状態で右クリックして**投影**ツールにし、**モード ビュー**で作成済のモデルに投影します。

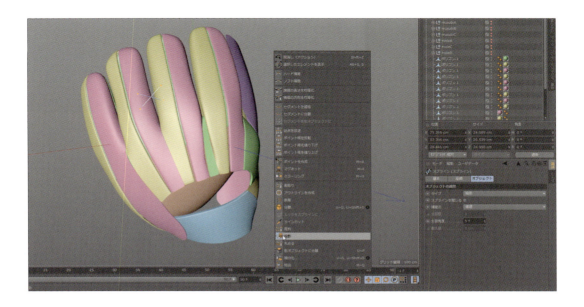

この作業を繰り返して、すべてのレースと締め紐のパスとなるスプランを作成していきます。

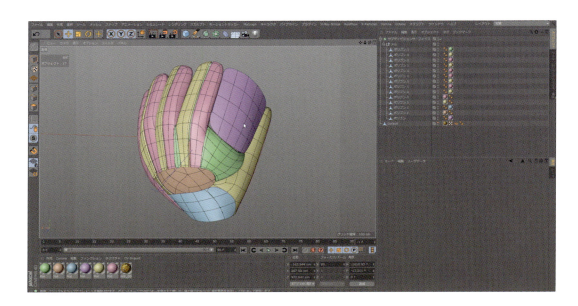

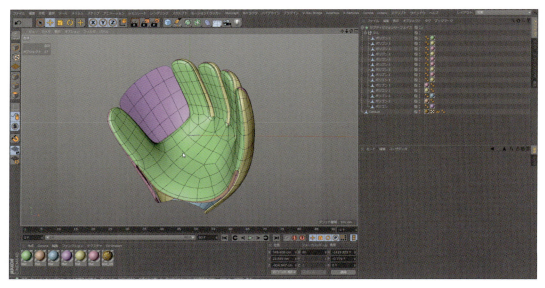

スプラインが線形で非常にカクカクしていますが、それは完成したスイープオブジェクトに対してSDSを適用するので問題ありません。
むしろ、粗いスプラインの少ないポイントを調整することで容易に形状を調整できる利点があります(Sample Data：Ch01_04)。

| レースの作成：断面スプラインの作成

**スイープオブジェクト**の断面スプラインは、**長方形**スプラインを編集可能にした後、ポイントモードに変更して**ラインカット**ツールもしくは**ポイントを作成**ツールを使用してポイントを追加します。これはSDSを適用した時に断面が楕円状になるのを防ぎ、角を立たせるための措置です。

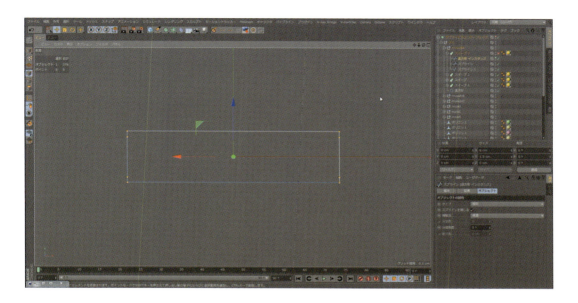

断面パスは平たい長方形なので、スイープ時に、意図しない方向にねじれてしまう場合があります。その場合は、**スイープオブジェクト＞オブジェクトタブ＞詳細＞角度**で調整します。

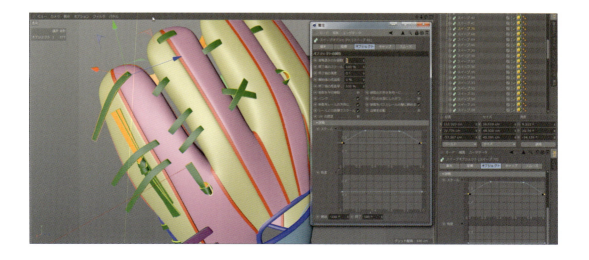

### レースの作成：締め紐

締め紐のレースの作成になると、形状のねじれが複雑になってきますので、角度オプションではうまくいかない場合もあります。その時は、このオプションは使用せず、レールスプラインを使用します。レールスプラインのポイント位置が、断面スプラインの回転を制御します。パススプラインのコピーをパススプラインのすぐ下の階層に配置し、ポイント位置を調整して仕上げます。

**Step 01** パススプラインと断面スプラインのみを使用してスイープオブジェクトを作成すると下図のようになります。

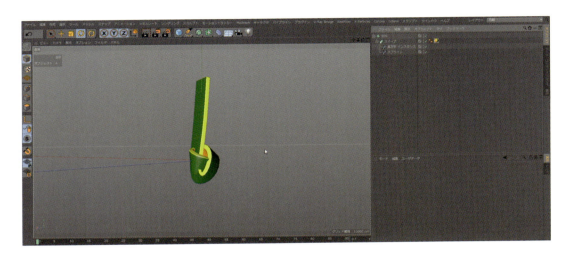

**Step 02** パススプラインをオブジェクトマネージャ上で**Ctrl**（Macの場合はcmd）キーを押しながらドラッグしてすぐ下にコピーします。パススプラインのすぐ下の階層のスプラインはレールスプラインとして機能します。今のところ、レールスプラインのすべてのポイントがパススプラインと同位置なので、とても奇妙な形状になっています。

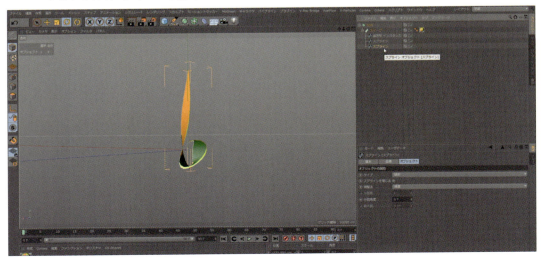

Step 03　レールスプラインを選択し、**ポイント**モードで**移動**ツールを使用してレールスプラインのポイントをすべて動かしてみます。

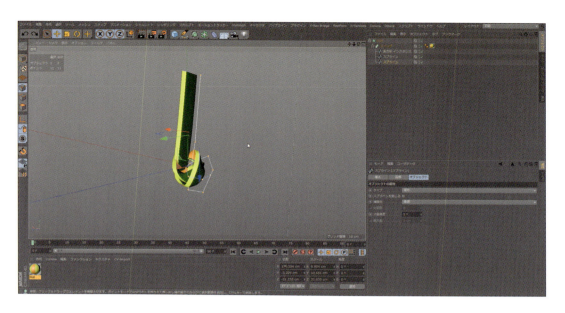

Step 04　少し結び目っぽくなってきました。ここからは、ポイント1つ1つを選択して動かしてみます。ポイントを動かしながら、スイープオブジェクトの挙動を観察します。この作業には慣れが必要です。納得がいくまでレールスプラインのポイントを調整すると図のようになります**(Sample Data：Ch01_05)**。

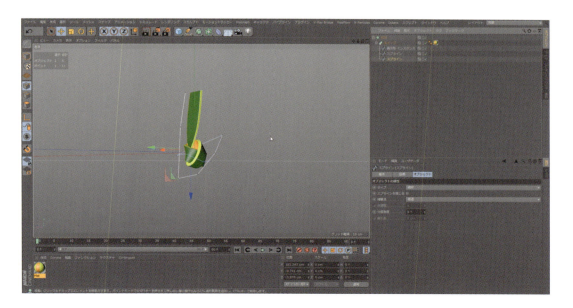

レールスプラインの調整は複雑そうで敬遠しがちな印象がありますが、とりあえずレールスプラインのポイントを動かして、スイープオブジェクトの挙動を見てみることです。
使用しているうちに段々とコツがつかめてきます。慣れると非常に複雑なスイープオブジェクトも作成することができます。

完成すると下の図のようになります。

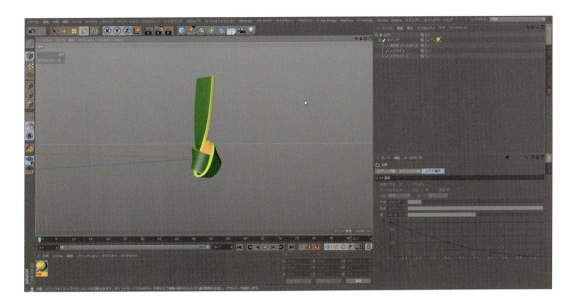

バインディングのモデリング

バインディングについては、パススプラインを新規に作成せずに、オブジェクトのエッジを**エッジをスプラインに**ツールで取り出し、いくつか取り出したスプラインを1オブジェクトに一体化してパススプラインとして使用します。こうすることでより既存形状にピッタリとあったスイープオブジェクトを作成することができます。

| Step 01 | まずは、手の平のオブジェクトを選択し、**エッジモード**に切り替えます。**V**キーで現れるポップアップメニューから**選択＞パス選択**で必要なエッジを選択します（Sample Data：Ch01_06）。

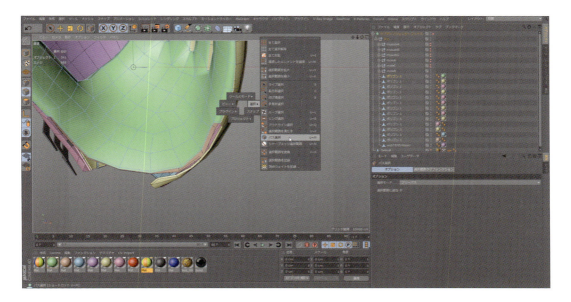

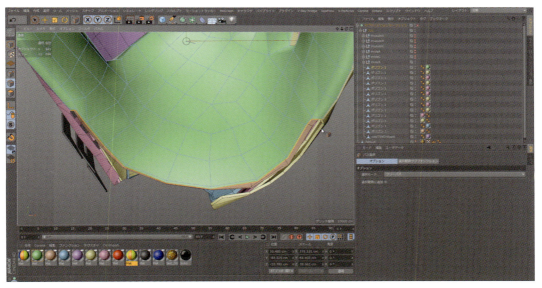

| Step 02 | エッジを選択後、メインメニューから**メッシュ＞コマンド＞エッジをスプラインに**ツールを実行して、選択エッジを新規スプラインとして取り出します。

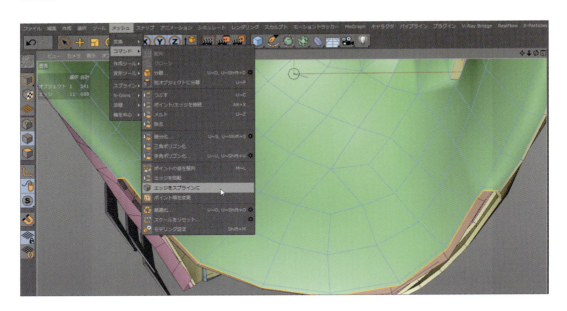

下図は、取り出したスプラインのみを表示した状態です。

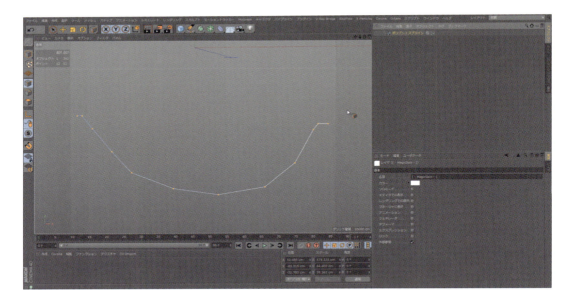

| Step 03 | 同様の方法で、バインディングのパススプラインに必要なエッジをすべてスプラインとして取り出します。
下図は取り出したスプラインのみを表示した状態です。

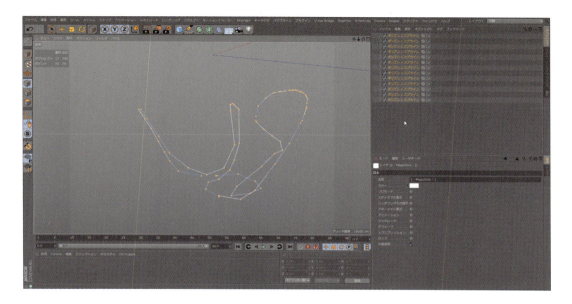

| Step 04 | すべてのスプラインを選択し、オブジェクトマネージャ内で右クリックで現れるコンテキストメニューから**オブジェクトを一体化+消去**で1オブジェクトに統合します。

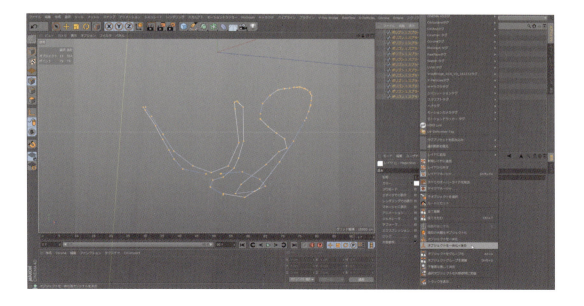

| Step 05 | 現状、途中で途切れたスプラインになっているので、ポイントを整理します。不要なポイントを**Delete**キーで削除し、ポイントが途切れている所は、メインメニューから**メッシュ＞スプライン＞セグメントを連結**ツールでつなげます。

下図が完成したパススプラインとなります。

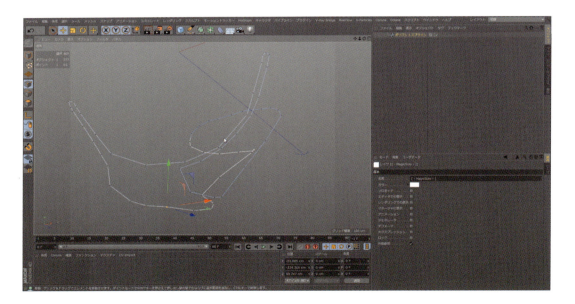

| Step 06 | バインディングはチューブ状のオブジェクトですので、断面スプラインとして**多角形スプライン**を作成します。 |

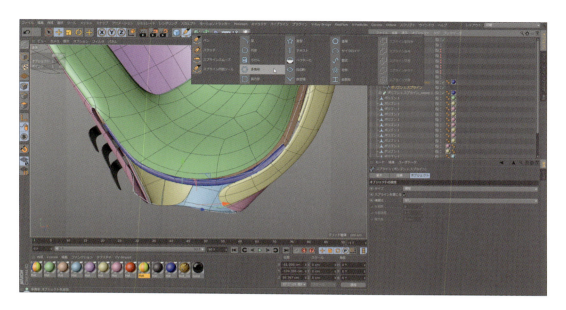

| Step 07 | 断面スプラインの大きさを調整し、階層に注意してスイープオブジェクトを作成します。下図が完成形です**(Sample Data：Ch01_07)**。 |

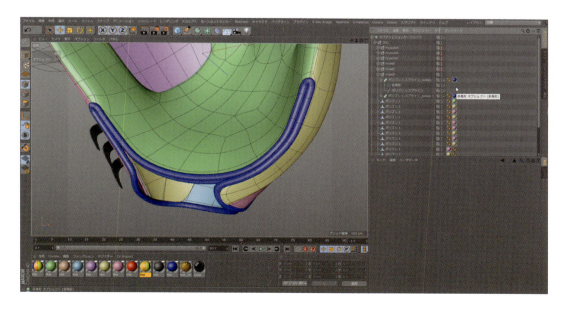

今回例にあげたバインディングなどのモールディングのような、周囲を縁取るオブジェクトを作成する時は、元オブジェクトのエッジをスプライン化し、スイープオブジクトのパススプラインとして使用する方法を取ることで、複雑な形状でもきれいに隙間なくオブジェクトを作成することができます。

# Column | 複雑なスイープオブジェクトの例

複雑なスイープオブジェクトの例として、外野手用のウェブを紹介します。
ウェブは親指と人差し指間の網状のパーツです。
**スイープオブジェクト**の**レールスプライン**機能を使用することで断面形状が長方形の革紐を、自由にうねらせることができます。
下図がウェブ単体の完成形となります。茶色の革紐がレールスプラインを使用した**スイープオブジェクト**です。

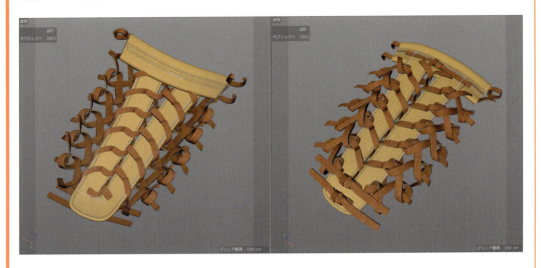

下図は**スイープオブジェクト**をオフにし、レールスプラインを選択した状態です。少々ゴチャっとしていますが、慣れてくるとこういったものも製作可能です。

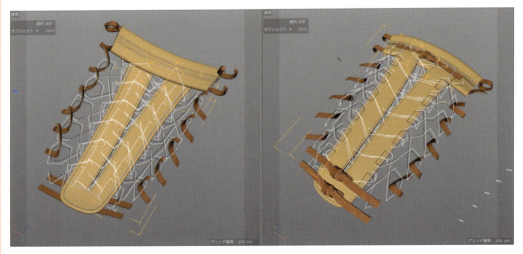

## 1-2-4 ラベルのモデリング

ラベルは、手の甲側手首寄りに取り付くwilsonさんのロゴをあしらったワッペンです。完成して配置すると下図のようになります。

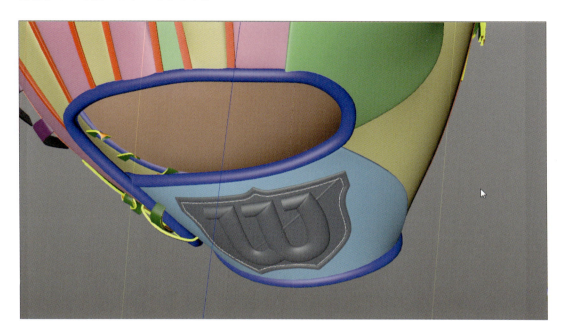

### 平面的にモデリング

このラベルは他のグローブでも使用するため、流用することを前提にモデリング手法を考えます。どんな曲面にもピッタリ這わせられるように作成する必要があります。今回は、平面的にモデリングし、デフォーマで曲面に這わせる手法を取ります。

ノギスや定規で現物の寸法を測りながら平面的にラベルをモデリングしていきます。使用ツールとしては、粗い**スイープオブジェクト**を編集可能後、調整を加えていく流れにしました。

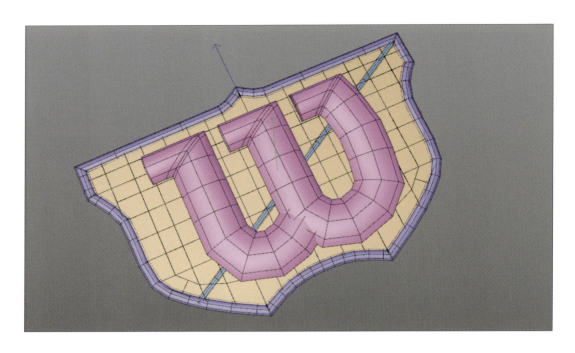

理由として、刺繍糸の表現を今回はモデリングせずに、バンプマッピングで表現しようと思っていたので、後々 UV編集の必要性を感じました。スイープオブジェクトは、元々 UVが大変整えられた状態で作成されますので、複雑なUV編集作業を避けることができます。

バンプマッピング用の画像をアサインすると下図のようになります(Sample Data：Ch01_08)。

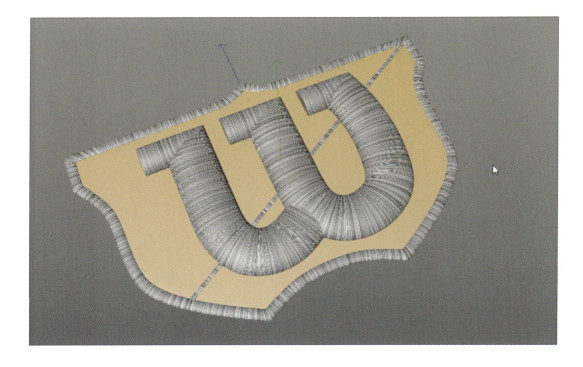

| サーフェイスデフォーマ

平面的なモデリングが完成したので、次は貼りたい部分のオブジェクトに這うようにするため、**サーフェイスデフォーマ**を使用します。サーフェイデフォーマは、オブジェクトの形状が他のオブジェクトのサーフェイスに従うようにできます。

Step 01　別途作成していたラベルデータ（Sample Data：Ch01_08）をグローブデータ（Sample Data：Ch01_07）に読み込みます。

Step 02　ラベルオブジェクトグループをオブジェクトマネージャ上で選択し、**Shift**キーを押しながら、サーフェイスデフォーマを作成します。

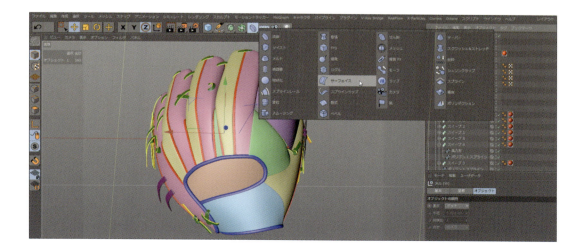

Chapter01：Tsukasa Abe

すると、ラベルオブジェクトグループのすぐ下の階層にサーフェイスデフォーマが配置され、ラベルに適用された状態になります。

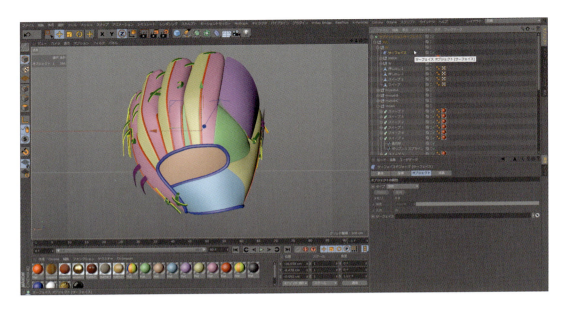

Step 03　サーフェイスデフォーマは、這わせるオブジェクトを指定する必要があります。
今回の例では、手首の甲側の水色に表示されているオブジェクトです。このオブジェクトを直接指定すると、ローポリの粗いオブジェクトに這うことになり、きれいに這いません。そこで、水色のオブジェクトをコピーし、ポリゴンモードで右クリックで現れるコンテキストメニューから**細分化**を選びます。

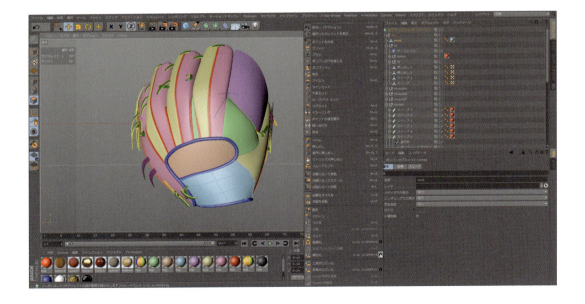

次に**分割数**：2、**サブディビジョン分割**のチェックを入れ、**OK**をクリックします。この細分化されたオブジェクトが這わせるオブジェクトとなります。

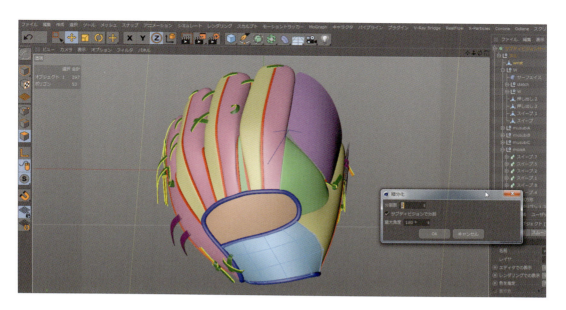

| Step |
|------|
| 04 |

このオブジェクトはレンダリングする必要はありませんので、**エディタでの表示**、**レンダリングでの表示**を共に**隠す**にします。

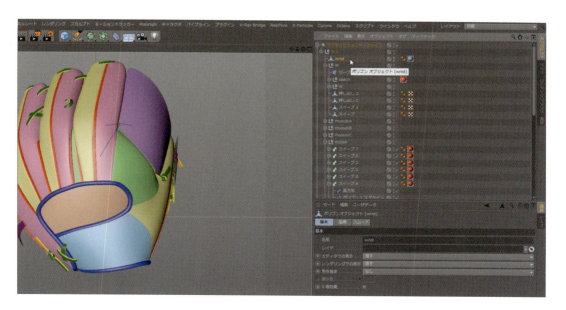

Chapter01 : Tsukasa Abe　041

| Step 05 | **サーフェイスデフォーマ**を選択し、属性マネージのオブジェクトタブ内の**サーフェイス**に這わせるオブジェクトをドラッグし、指定します。 |

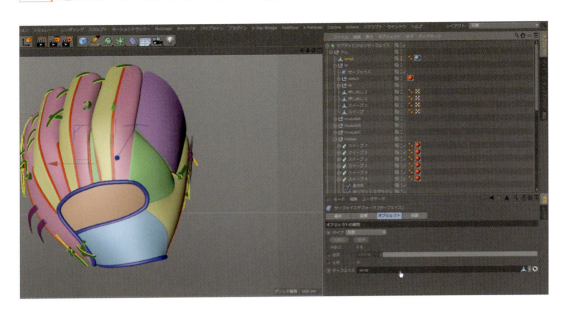

| Step 06 | **サーフェイスデフォーマ**の属性の内容を、**タイプ**を**マッピング(U,V)**、**平面**を**XY**に変更します。 |

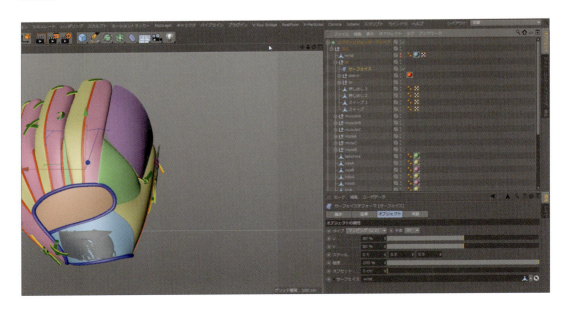

すると、這うオブジェクトにクシャっとラベルが張り付きました。
サーフェイスデフォーマは、本来階層構造のあるオブジェクトにも適用できるのですが、今回私がモデリングしたものではうまくいきませんでした。

| Step 07 | STEP 6でモデリングしたものではうまくいきませんでしたので、ラベルオブジェクトグループを一体化し、1オブジェクトにしてみます。
すると、うまく這わせられそうな状態になりました。

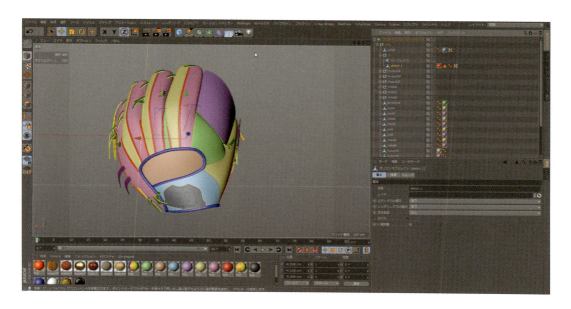

| Step 08 | 這わせる水色のオブジェクトのUV調整とサーフェイスデフォーマの属性を調整することで、きれいに這わせることができました**(Sample Data：Ch01_09)**。

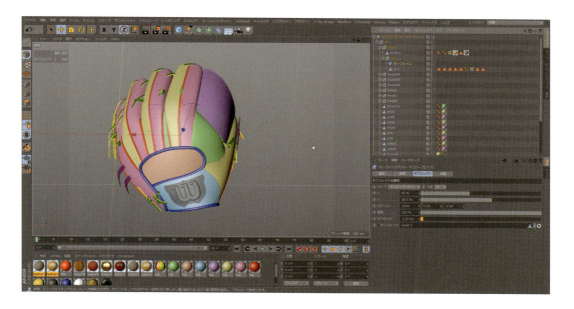

Chapter01：Tsukasa Abe | 043

キレイに這わせるコツとしては、這わせるオブジェクト（水色のオブジェクト）が滑らかであり、かつUVがきれいに整えられていることです。今回は、水色のオブジェクトをコピーし、細分化したものを這わせるオブジェクトに指定し、UVをキレイに展開し直しています。
レンダリングには現れないように**エディタでの表示**と**レンダリングでの表示**をOFFにしておきます。

今回のプロジェクトでは、もう1種類ラベルのデザインがありましたので、同じ手法で作成し、差替が可能な状態にしています。

## 1-2-5 ウェブのモデリング

p.36ページでも解説しましたが、ウェブとは親指と人差し指の間の網状のパーツです。緩やかに湾曲しており、さまざまなデザインがオプションで用意されています。
今回は25種類のウェブをモデリングする必要がありました。
パーツの流用や作業効率を最優先して、平面的に作成しデフォーマで変形させてグローブにフィットさせる方法で進めていきます。

### 平面的にモデリング

**Step 01** あらかじめボリュームチェック用に作成していたたたきの形状（下図の紫色のオブジェクト）があります。
このオブジェクトは、すでに平面的に作成したものに3つの**屈曲デフォーマ**を適用させてグローブにフィットさせています。

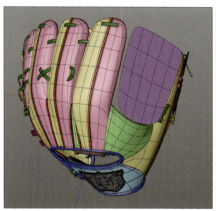
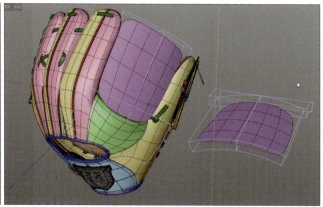

**Step 02** このたたきの形状をコピーし、作業しやすい所に配置して、それぞれに、わかりやすい名前を付けておきます。
今回は、グローブについている側のグループを**webTENSHAsaki**として、作業しやすいように配置し直した方を**webPlane**とします。

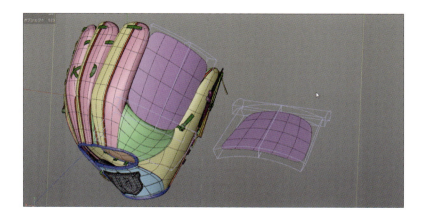

| Step 03 | webPlaneグループをもう一つコピーして、webと名前を変更します。このwebグループ内で詳細なウェブのモデルを作成していくことになります。
なぜこのようにコピーしているかというと、webグループ内で詳細をモデリングする過程で、グローブにフィットした状態で各パーツの位置やボリュームを確認し、再度作業し易い所に戻して調整を進める、という作業を行ったり来たりする必要がありました。その際に**転写**ツールを使用します。転写ツールを使うと、あるオブジェクトの位置、スケール、回転のパラメータを他のオブジェクトに複製(転写)することができます。その転写先として2つのグループをコピーしてとっておく必要があります。|

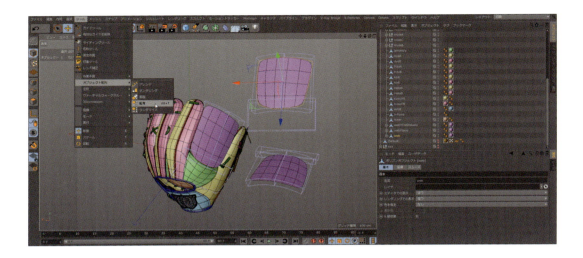

| Step 04 | 平面的にウェブをモデリングしていきます。はじめは特に粗い形状で進め、**転写**ツールで行ったり来たりを繰り返しながら詰めていきます。
平面的に作成されたウェブ(完成版)と**屈曲デフォーマ**を適用させた状態は下図のようになります。|

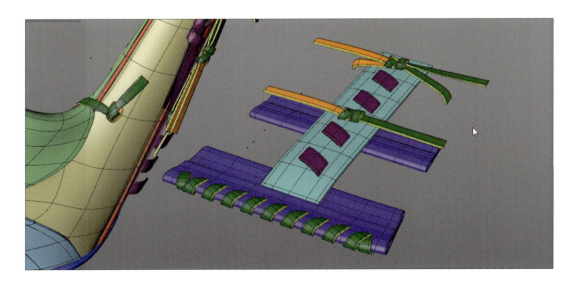

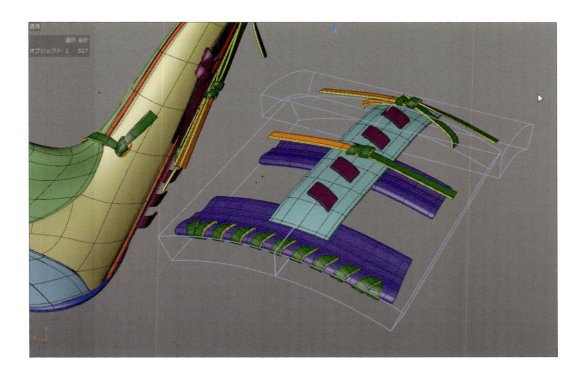

| Step 05 | このように平面的に作成しておくことで、今後25種類のウェブを作成する際に、アレンジもしやすく、パーツの流用も容易になりました。
その後作成した他のウェブの一部も並べてみます (Sample Data：Ch01_10)。 |

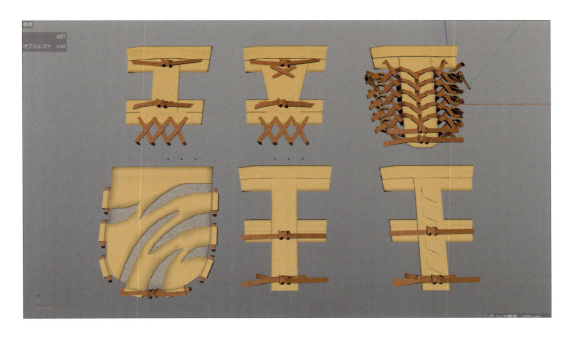

| Step 06 | 最後に各ウェブを**転写**ツールで**webTENSHAsaki**グループの位置と角度に合わせ、デフォーマをオンにして完成です。

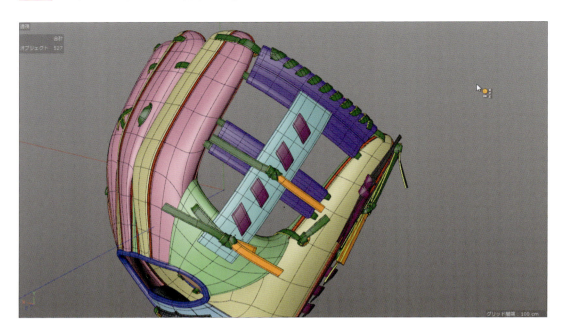

## 1-2-6 ステッチのモデリング

ステッチは縫い目で、ここでは糸の一山をMographのクローナーを使用して一直線に大量に並べ**スプラインデフォーマ**を使用してグローブに沿わせる作業を行います。
赤で表示されているものが完成したステッチです。なお、ここではステッチのラインを見やすくするため、グローブ本体をグレーにしています。

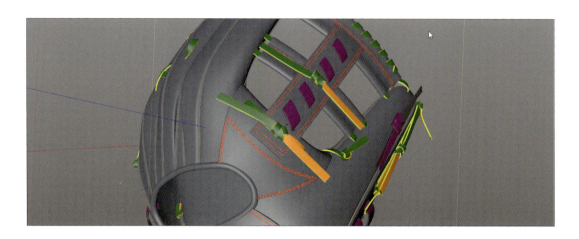

### 沿わせるスプラインを作成する

一例として、手首のパーツのステッチを作成していきます。

**Step 01** ステッチを沿わせるためのスプラインを作成します。
ここでは、SDSはスプラインには反映されないため、粗いスプラインではなくSDSが適用されたオブジェクトにぴったり沿ったスプラインを作成する必要があります。
ぴったり沿ったスプラインを作成するために、まず手首のローポリパーツをコピーします。

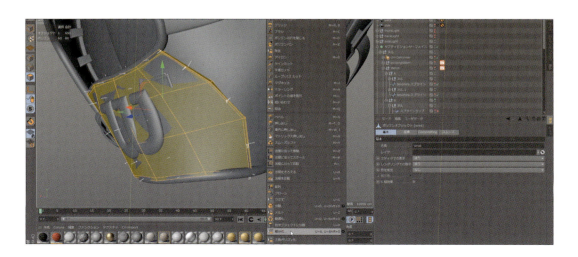

Step 02 ポリゴンモードに切りかえ、**細分化：サブディビジョンで分割**ツールで細分化します。

Step 03 エッジモードに切りかえ、**エッジをスプラインに**ツールでエッジをスプラインとして取り出します。

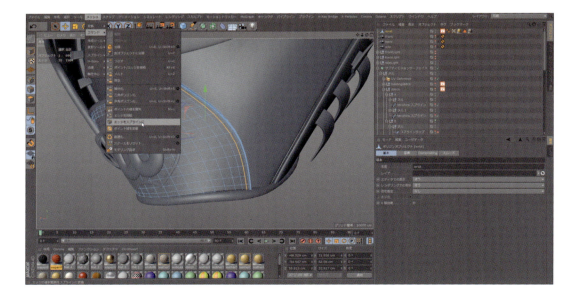

これでSDSが適用されたオブジェクトにぴったり沿ったスプラインを作成することができました。コピーして細分化したポリゴンオブジェクトは、もう不要なので削除します。

## Mographを使用したステッチの大量複製

**Step 01** 粗いスプラインをパススプラインとして、スイープオブジェクトを使用して糸を一山作成します。

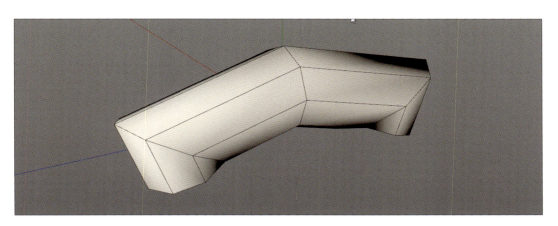

**Step 02** **Mograph>クローナー**でクローナーを作成し、オブジェクトマネージャでスイープオブジェクトをクローナーの子にします。

クローナーの属性で、**モード**を線形にし、**複製数**と**P.Z**の値を現時点では適当に入力します。直線的にステッチが並びました。

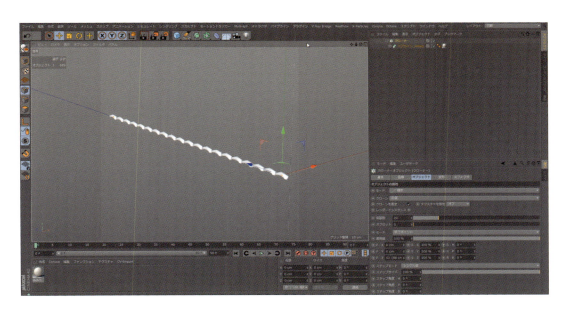

| Step 03 | STEP 2で作成した直線的なクローナーを、最終的には先程作成した**沿わせるスプライン**上に並べます。そこで、この沿わせるスプラインにきっちり収まる長さと数のステッチに調整しておく必要があります。
まず沿わせるスプラインの長さを調べます。
方法は、スプラインを選択した状態で、属性マネージャの**メニュー＞モード＞プロジェクト情報＞構造**タブを選択します。 |

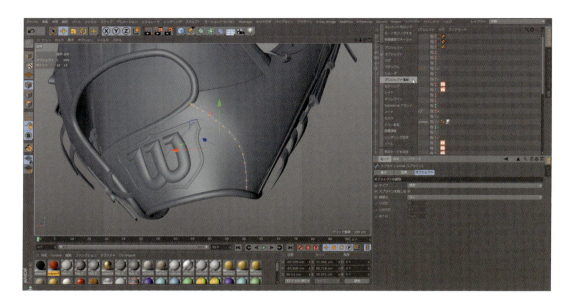

| Step 04 | するとスプラインの長さが表示されますので、この数値をコピーしておきます。 |

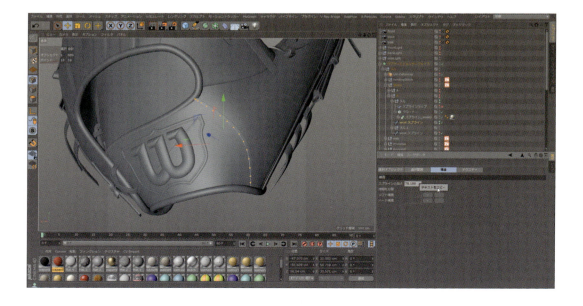

| Step 05 | クローナーを**オブジェクトタブ＞モード＞終了ポイント**にセットし、スプラインの長さの値をクローナーのZに入力します。
その後、ステッチの間隔がちょうどよくなるように複製数を調整します。

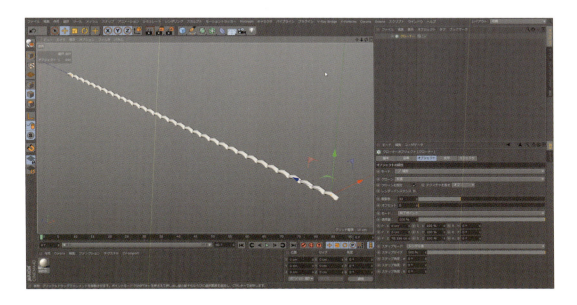

直線的に配置されたステッチが完成しました。

## スプラインラップデフォーマを使用して配置する

**スプラインラップデフォーマ**はオブジェクトをスプラインに沿って変形させることができます。
沿わせるスプラインと直線状のステッチの準備ができたので、配置していきます。

| Step 01 | **スプラインラップデフォーマ**を作成し、オブジェクトマネージャで下図の階層に配置します。

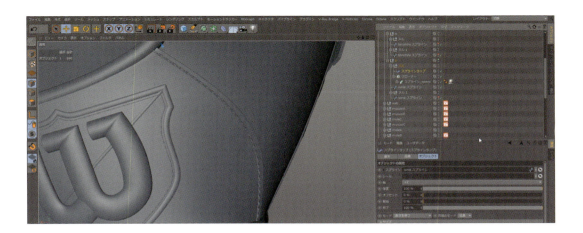

Chapter01 : Tsukasa Abe

| Step 02 | スプラインの欄に沿わせるスプラインを指定し、軸を **+Z** に変更します。下図を見ると、ステッチの向きが意図した方向ではありません。 |

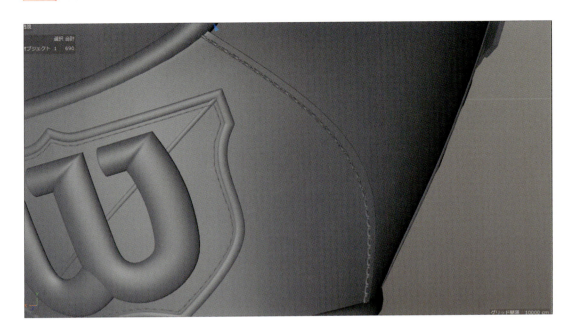

その際は、**属性マネージャ＞オブジェクトタブ＞回転＞アップベクターの値**を調整します。今回は図のように調整することで意図する方向を向きました。

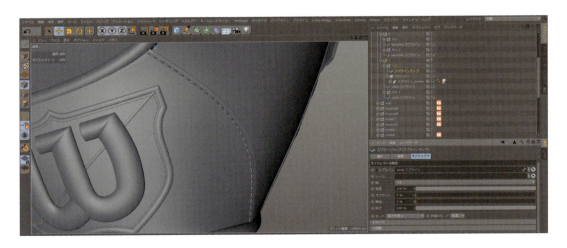

この作業を繰り返しステッチをすべて配置します。

## SDS分割数の調整

ステッチをすべて配置し終わると、非常に沢山のオブジェクトが追加されたことになり、クローナーを使用しているとはいえ、場合によってはビュー操作が重くなり、作業に支障をきたします。ステッチは非常に小さいオブジェクトなので、すごく接近しない限りはSDSの分割数を他のオブジェクトよりも低く設定してもよさそうです。

今回はグローブすべてのパーツを1つのSDSにまとめる階層構造にしています。指定したオブジェクトだけSDS分割数を変更するには**SDSウェイト**タグを追加します。

**分割数**をオンにし、任意の分割数を入力することでビュー操作の負荷も軽減されます。

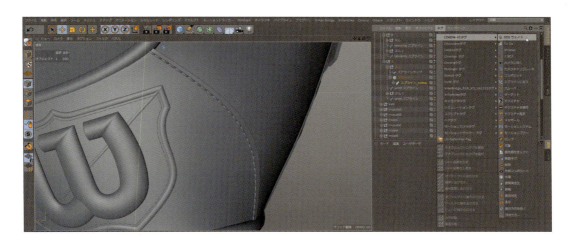

もし、ステッチに接近したカットが必要な場合は、この分割数を調整することで対応することができます。

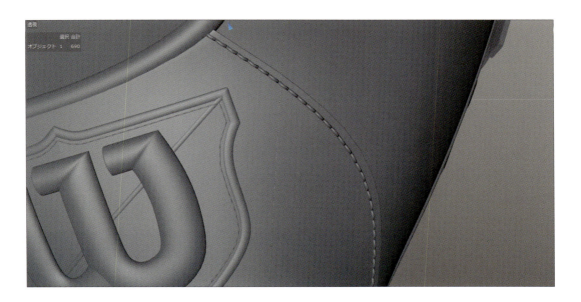

モデリングはこれで終わりです。

完成したモデルは下図のようになりました(Sample Data：Ch01_11)。

# Chapter 1-3 マテリアル

具体的なマテリアルの作業に入る前に、レンダラの話を少しします。マテリアル作業に入る前に、レンダラを決定する必要があるからです。現在、CINEMA 4Dでは、標準のレンダラの他に使用できるサードパティのレンダラが複数存在します。

サードパティのレンダラはほとんどが有料のため、誰でも手軽にすぐ使用できるものではありませんが、標準レンダラとは異なる表現や、レンダリング速度の高速化などを実現できるものも存在します。

サードパティのレンダラを使用する際は、そのレンダラ専用のマテリアルを使用するのが一般的なので、マテリアル設定を始める時、どのレンダラが今回のプロジェクトに向いているかを考え、選択します。

筆者が複数所有するレンダラの中で、今回のプロジェクトでは**V-Ray for CINEMA 4D**を使用しました(以下、V-Ray：http://v-ray.jp/c4d_info.shtml)。

V-Rayは、他の3DCGアプリケーションでもよく使用されている、人気のあるレンダラの一つです。今回のプロジェクトでV-Rayを採用した大きな理由は、まず使い慣れている点にあります。

V-Ray for C4Dがリリースされた当時、CINEMA 4D標準のレンダラに比べ、レンダリング速度も速く、GIを使用したときのレンダリング品質がとても良い印象を持ちました。それ以来、購入して頻繁に使用しています。

現在のCINEMA 4D R19は標準レンダラも進化しましたし、**ProRender**というGPUベースのリアルタイムレンダリングにも対応したフィジカルレンダラが標準で搭載されています。今後のProRenderの動向次第では、個人的にはサードパティのレンダラは不要になるかもしれないほどの可能性を秘めていると思います。今後が大変楽しみです。

話を戻します。

もう一点、今回のプロジェクトに**V-Ray**を選んだ理由として、**スペキュラ**というパラメータの存在があります。スペキュラとは、光源のみの反射を擬似的に表現するパラメータです。これは古くから存在してきたパラメータで、負荷のかかる反射のレンダリングを擬似的にではありますが、高速化できるメリットがありました。

昨今は、反射に対するレンダリング時間が高速化してきたことから、フィジカルベース(物理的に正しい設定が可能な)のレンダラが多くリリースされてきており、スペキュラという擬似的な反射パラメータを使用できるレンダラは少なくなりつつあります。V-Rayもフィジカルベースのレンダラの一つですが、このスペキュラというパラメータが使用できます。今回はグローブの主な素材であるレザーのマテリアル表現に重点を置く必要がありました。このスペキュラと通常の反射を併用することで、レザーの柔らかな艶を比較的容易に表現できるのではないかと考えました。

なお、CINEMA 4D標準のレンダラでも、このスペキュラというパラメータを使用することができます。それでもV-Rayを選択したのは、やはり使い慣れているということと、レンダリング速度が大きな理由です。

## 1-3-1 UV編集作業

今回のグローブは、形状がある程度複雑です。マテリアルの投影方法として立方体投影や平行投影は使用できそうにありません。曲面に沿ってテクスチャをきれいに貼り付ける必要がありました。
そこで、実際にマテリアルを設定していく前に、作成したパーツすべてのUVを整える作業を行います。ここでは例として、手の平のオブジェクトUVを整えていきます。その他のパーツも基本的に同じ作業になりますので、参考にしてみてください。
それでは、前節の**Sample Data：Ch01_11**から作業を進めていきます。

**Step 01** CINEMA 4D画面の右上にあるレイアウトのプルダウンから**BP-UV Edit**を選び、UV編集に適したレイアウトに変更します。

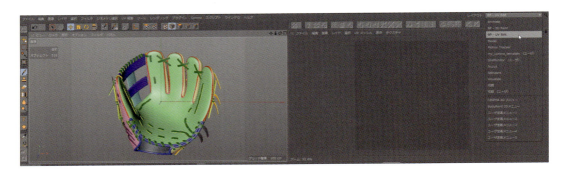

**Step 02** オブジェクトを選択し、UVポリゴンモードに切り替えると現在のUVの状態が右側に表示されます。

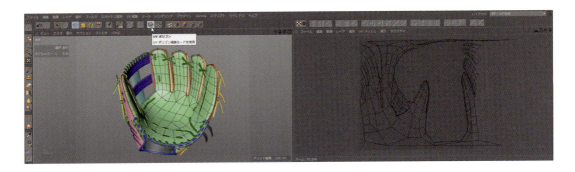

| Step 03 | このオブジェクトには**UVWタグ**が作成されておらず、マテリアルの投影法が**球**になっているので、オブジェクトマネージャのマテリアルタグを右クリックし、表示されたポップアップメニューから**UVW座標を生成**をクリックします。 |

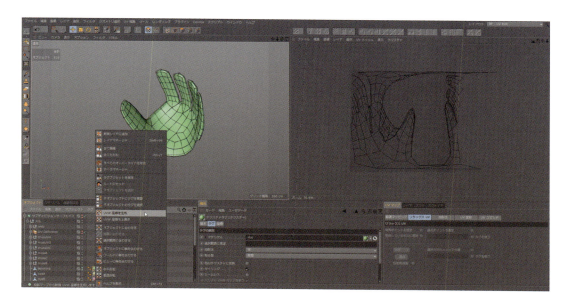

オブジェクトに**UVWタグ**が付き、マテリアルの投影法も**UVW**に変更されました。これで、ひとまずテクスチャのUVW座標を取得することができました。しかし、このままではグチャグチャでテクスチャをきれいに貼り付けられる状態ではありません。

| Step 04 | ここから調整作業をしていきます。<br>透視ビューを調整して**UVポリゴン**を**正面**から投影し、**リラックスUV**をかけていきます。 |

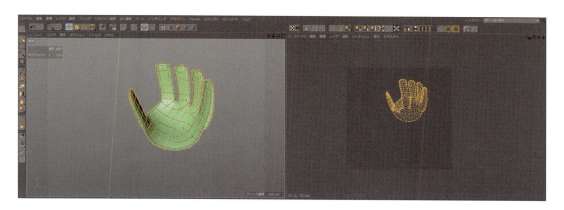

シンプルなオブジェクトのUV編集作業は、これだけでほぼきれいに開いてくれますが、今回の手の平のオブジェクトでは、一度では意図したとおりに展開できませんでした。

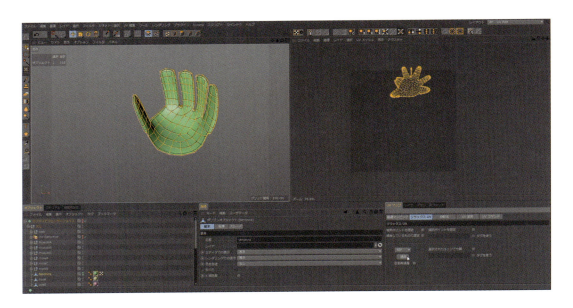

**Step 05** そこで今回は数回に分けて整えていきます。分ける箇所は、手の平部分・各指部分・人差し指と中指の間の折り返し部分・親指と人差し指の間の折り返し部分、と合計8回に分けて正面から投影し、リラックスUVをかける作業を繰り返しました。数回に分けたことで、まだそれぞれのUVポリゴンに隙間が空いている状態です。

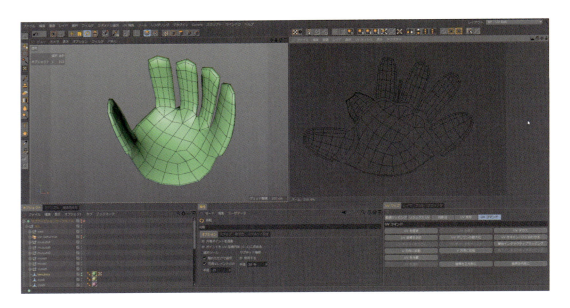

| Step 06 | UVポイントモードに切り替え、接続するポイントを選択し、**UVマップ**から**UVコマンド**にある**UVテラス**ツールで接続します。 |

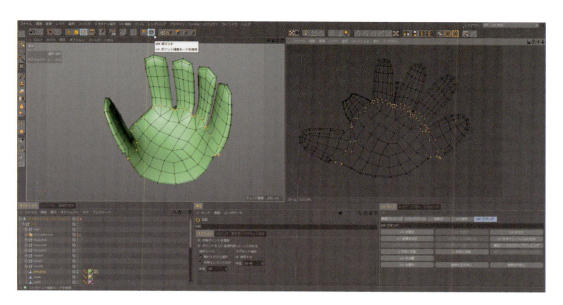

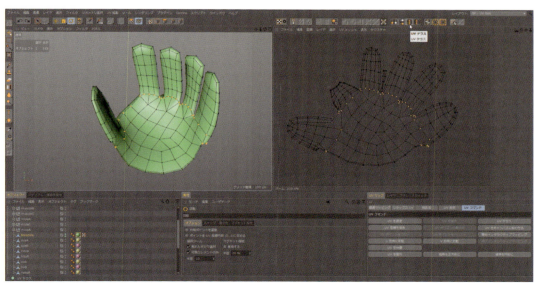

Step 07　確認のために、チェック柄のマテリアルを貼り付けてみます。

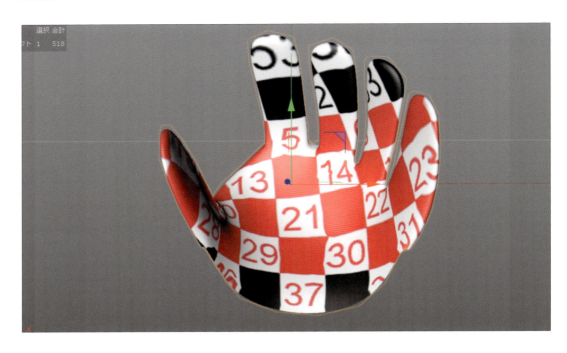

Step 08　チェック柄が歪んでいます。これは、SDSをかけた際に起こる現象です。
SDSのオプション**通常**を**エッジ**や**境界**に切り替えることで解決できます。今回は、**エッジ**に切り替えることでテクスチャの歪みをきれいにとることができました。

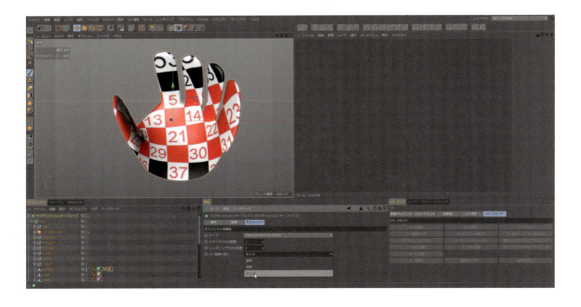

| Step 09 | チェック柄をよく見ると、指先の方のチェックが手の平に比べて大きいようです。柄が大きく見えるということは、UVポリゴンが小さいということです。
UVポリゴンを選択し、**スケール**ツールで少し大きくします。 |

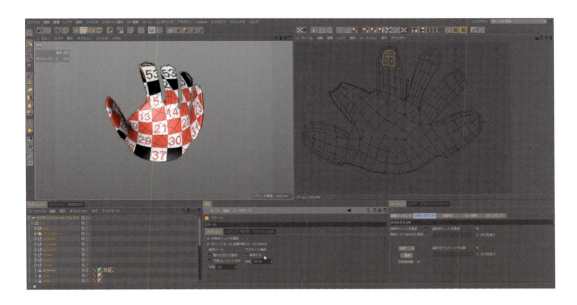

| Step 10 | その際に、ツールオプションの**マグネット機能:使用する**をONにすることで、UVポリゴンの境界が離れることなくスケーリングできます。このオプションは、**移動・回転**ツールでも使用でき、細かなUV編集作業の時に非常に役立ちます。下図が調整し終わった状態です。 |

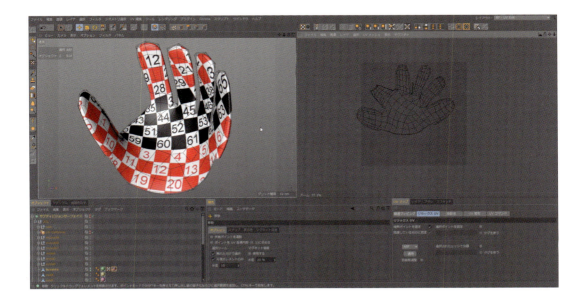

他のオブジェクトのUV編集も同様に行った状態が下図です **(Sample Data：Ch01_12)**。

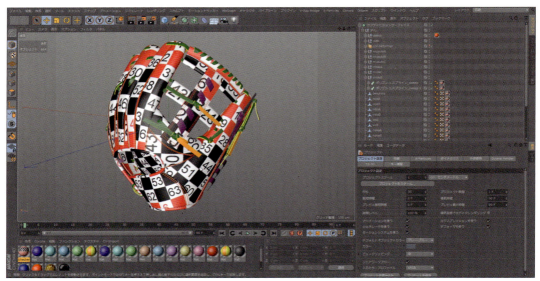

UV編集作業は地味で大変手間がかかりますが、どうしても必要な作業です。
私は普段、次のような流れでUV編集をしています。

　1. 数回に分けて正面から投影
　2. それぞれにリラックスUVを適用
　3. UVテラスで接続
　4. マグネット機能を使用した微調整

CINEMA 4DのUV編集ツールは強力で使いやすいので、作業時間の短縮に貢献してくれます。

## 1-3-2 レザーマテリアルの詳細設定

まずテストレンダリング用に仮ライトを配置します。3点照明を基本に、トップ・両サイドにエリアライトを配置しました(Sample Data：Ch01_13)。

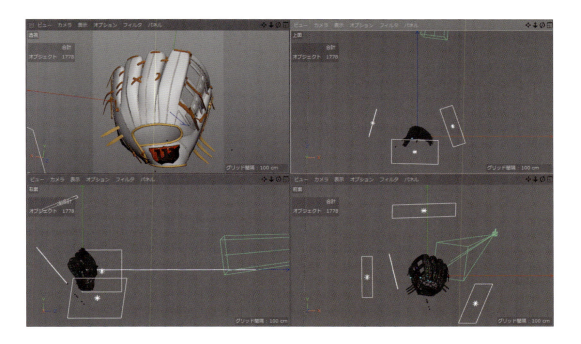

では、今回実際に使用したレザーマテリアルの作成例を紹介いたします(テクスチャ画像の作成にはAdobe Photoshopを使用)。

私は通常バンプマップから設定していきます。
理由として、ディフューズなどのカラー系統のものを最初に設定してしまうと、バンプの効果がわかりづらくなり、必要以上にバンプパラメータを上げてしまうという失敗をしたことがあるからです。バンプ画像の拡大とマテリアルパラメータは次の図になります。

Chapter01 : Tsukasa Abe　065

テストレンダリングと調整を繰り返し、最終のパラメータを目指します。

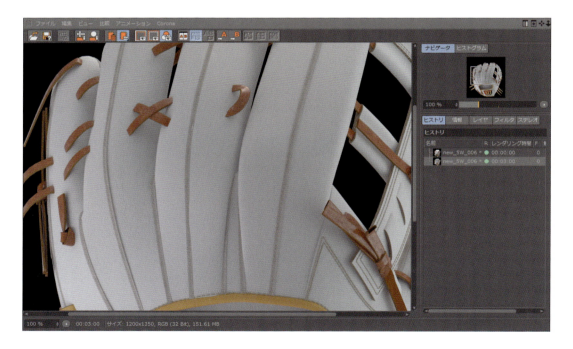

バンプマッピングが完成したら、次にディフューズテクスチャを設定します。下図が画像とパラメータになります。

この状態でテストレンダリングした画像が下図になります。

テストとして全体的に暗いイメージに感じたので、パノラマHDRIを使用したエリアドームライトを追加してみます。ライトの明るさを調整して良い感じになりました。

次にスペキュラを設定します。
V-Ray専用マテリアルでスペキュラを設定するには、スペキュラレイヤーを使用します。スペキュラレイヤー内には、実際の反射であるリフレクションも含まれています。最初は少々わかりづらいですが、スペキュラのみ使用、リフレクションのみ使用、両方とも使用、と切り替えが可能です。また、このスペキュラレイヤーは1つのマテリアルにつき5つまで設定可能です。カーペイントマテリアルやより複雑な多重反射設定が可能です。
場合によっては、スペキュラとリフレクションを個別に設定し、それぞれ強度の異なる値にすることも可能です。
今回はスペキュラとリフレクション両方をオンの状態にしました。

次に反射をコントロールする画像を読み込みます。
**Specular Color**の**Texture**は反射強度、**Specular Layer Parameters**の**Texture**は反射の鏡面光沢度（反射のボケ具合）にそれぞれグレースケール画像を読み込みます。
反射強度については、グレースケール画像内の白が100パーセント反射、黒が反射無し、となります。下図は、**Specular Color**の**Texture**にのみグレースケール画像を読み込んだマテリアルの例です。

反射の鏡面光沢度については、グレースケール画像内の白がボケ無しの鏡面、明度が下がるにつれボケが強くなっていきます。下図は、**Specular Layer Parameters＞Texture**にのみグレースケール画像を読み込んだマテリアルの例です。

フォトリアルCGのマテリアル設定では、この反射に関するパラメータの制御が大変重要であると思います。いろいろな物を観察し、光源は何で、どんな反射をしているのかを普段から考えることで、CG作成時に大変役に立ちます。また、すべてが均一な反射をするマテリアルではリアルに見えません。グレースケール画像やノイズシェーダなどを使用して微妙に反射像に変化をつけてあげることでより本物っぽく見えてくることがあります。

今回のグローブのレザーマテリアルでは、両方に同じグレースケール画像を使用し、V-Ray用のシェーダ内で画像の明度を変更しています。

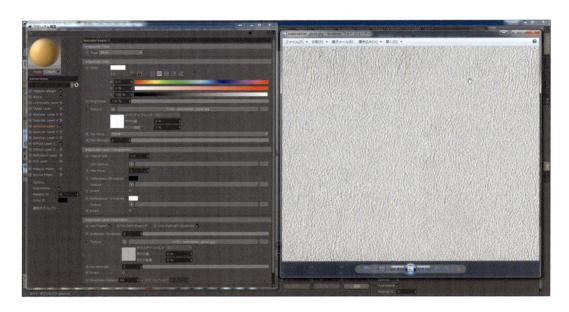

ここまで画像を読み込む際に、Texture欄に直接画像を読み込むのではなく、次の図のようにまず**V-ray AdvBitmap**というV-Ray用のシェーダを作成し、その中で画像を読み込む方法を取っています。**V-ray AdvBitmap**内には、画像を読み込む機能の他に、色調補正機能が含まれています。他のシェーダをスタックすることなく、色相・彩度・明度・ガンマ・コントラストなどを細かく調整することができます。さらに、V-Rayでディストリビュートレンダリングをする予定であれば、画像を読み込む際にV-Ray用シェーダを作成することは、必須条件となります。

私は、ディストリビュートレンダリングを使用することが多いので、常にV-Ray用シェーダを使用するように心がけています。

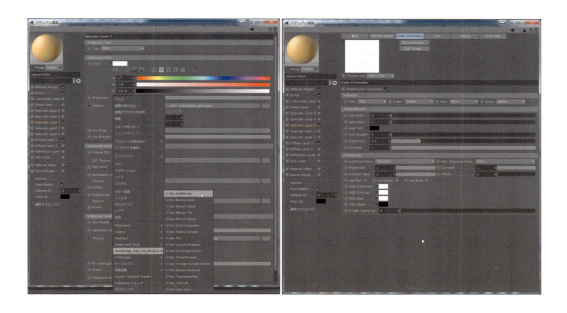

反射強度と鏡面光沢度の画像を色調補正で調整しながらテストレンダリングで詰めていきました。

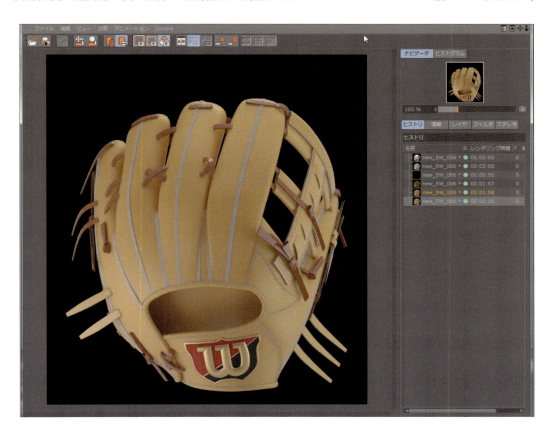

筆者の感想としては、この時点でスペキュラが少々弱い印象を持ちましたが、マルチパスを活用したレタッチ時に最終調整をしようと思いました。

## 1-3-3 レースのマテリアル

レースは、グローブの各パーツをつないだり、固定する紐状のオブジェクトです。この革紐は表面、側面、裏面と異なるマテリアルになっています。

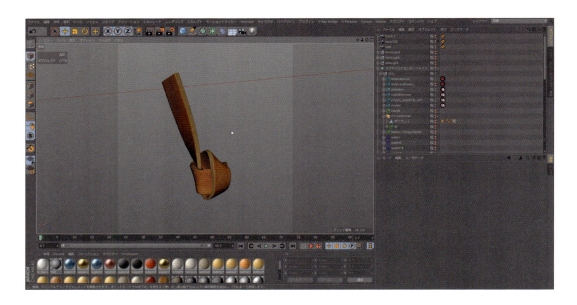

### スイープオブジェクトを使用して作成されたオブジェクト

モデリングのページでも紹介したこのオブジェクトは、スイープオブジェクトを使用して作成されています。一つのオブジェクトに複数のマテリアルを設定する方法としては、ポリゴン化したオブジェクトに複数の選択範囲を記録して選択範囲ごとにマテリアルを設定するという方法があります。

今回は形状修正に柔軟に対応するために、スイープオブジェクトのパススプラインに粗いスプラインを使用しています。できればスイープオブジェクトをポリゴン化したくはありません。そこで今回は、スイープオブジェクトのUVが非常にきれいに保たれている点を活かして、次の図のようにストライプ状のテクスチャ画像を作成して使用しました。

#### ディフューズテクスチャ

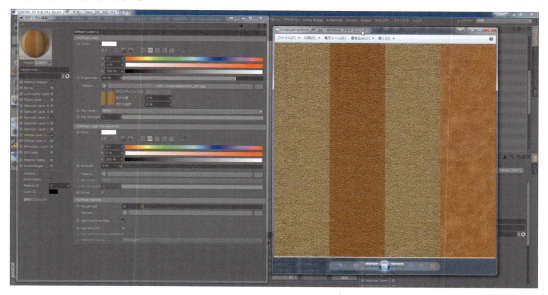

#### 反射用テクスチャ

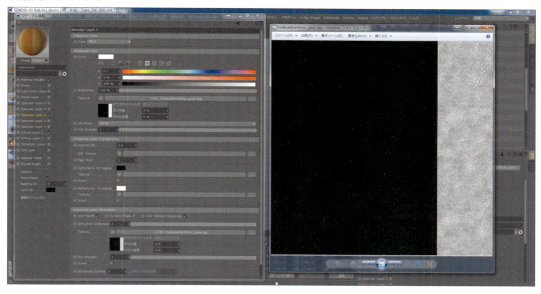

こうすることで、スイープオブジェクトの形状に修正が入っても、スイープオブジェクトの少ないポイント位置を調整することで、修正が容易に行え、かつテクスチャがずれてしまって貼り直すといった手間をかけずにすみます。

# Chapter 1-4　ライティング〜レンダリング〜レタッチ

ここでは、完成したグローブのバリエーションを使い、1枚の静止画として仕上げるまでの工程を解説していきます。

特に注意した点は、まず完成イメージを頭の中で決めて、そこに向かって作業していくことです。適当な環境でまずレンダリングし、そこから詰めていくという手法は避けました。さらに、ライトの数を必要以上に増やさない点にも注意を払いました。なお、ここで作成する静止画は今回の案件に使用したものではなく、本書の執筆にあたり新規に起こしたものになります。

## 1-4-1　スタジオセットアップ

### 完成イメージを考える

今回の案件では、大別しただけでも内野手用2種類、外野手用2種類、投手用3種類、キャッチャーミット2種類、ファーストミット3種類と多くのグローブをモデリングしてきました。また、カスタマイズ用のパーツも多種多様な物を作成しました。

代表的なグローブ4種類を並べて見せるシーンを考え、積み上げてみたり、いろいろな並べ方を試してみましたが、グローブ形状のかっこよさを見せるには、素直に横に並べるのが良いと判断しました。

テイストとしては、背景をダーク系統にしてグローブのハイライトを効かせたコントラストのある、シャープな印象の絵を目指します。

ライティング作業に入る前に、実際の案件の場合には、クライアントやディレクターとの意思疎通を円滑にするために、リファレンス画像をインターネットなどで収集し、目指すイメージを共有することが重要です。
今回は書籍の演習目的ということもあり必要性は低いですが、自分の目指すイメージを確認する意味でも収集する価値はあると思います。

## ライティング

ライティング作業に入る前に、今回のグローブモデルは、レースやステッチを多様しているために4つ並べただけ状態でもビュー操作がかなり重くなってきます。ストレスなく、効率よく作業するために**SDS**の分割数をエディタでの分割数を**0**、レンダリングでの分割数を**2**に変更しておきます。これで、ビュー操作は軽く、レンダリング結果はハイポリで滑らかなものになります。

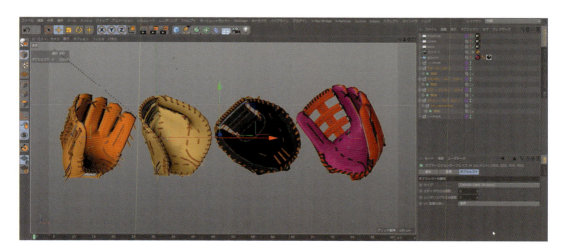

Chapter01：Tsukasa Abe

ライティング作業で注意した点は、極力少ないライト数にすることです。多灯ライティングでは、全体に光が回り込みすぎて平坦なイメージになってしまい、今回目指すコントラストの効いた絵にはなりにくいです。さらに多灯ライティングだと、調整作業をする際にライト1つ1つの役割が不明瞭になり混乱を招きやすくなります。
ライトを配置していく際は、ライト1つ1つに明確な役割を持たせることがとても重要です。
まずはメインとなるライト（キーライト）を配置します。
今回はグローブの頭上、少しバックライト気味にエリアライトを配置しました。テストレンダリングを繰り返し、下図のようになりました。

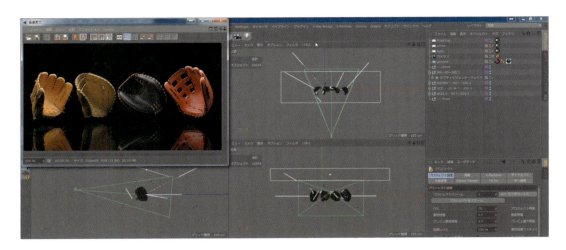

ここで、一番左のグローブの親指付近がほぼ真っ暗になっています。コントラストがあって良いのですが、もう少しだけディテールを見せたいと思いましたので、暗めのエリアライトを補助的に、カメラから見て左手前に追加しました（フィルライト）。下図はここで追加したエリアライトのみのレンダリング結果になります。

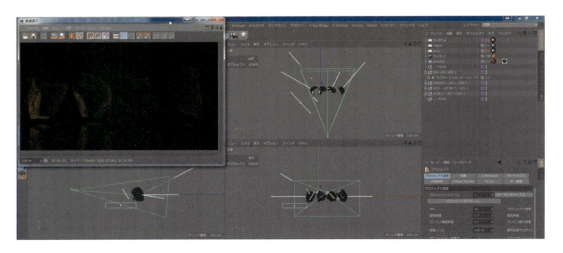

更にグローブのエッジにハイライトを入れ、グローブが背景に溶け込みすぎないように、グローブ後方にエリアライトを追加しました(バックライト)。下図はこのライトのみのレンダリング結果になります。

追加したライトの色を変更します。
フィルライトには青味の色を、バックライトには黄色味の色を加えました。キーライトが直接あたっていない陰の部分や影の落ちている部分を補助的に照らすようなライトには寒色系の色味を、ハイライトのような明るい部分には暖色系の色味を少し追加することでリアリティが増します。やり過ぎるとマテリアルのディフューズカラーに影響が出すぎてしまう場合がありますので加減が必要です。

### フィルライトのカラー

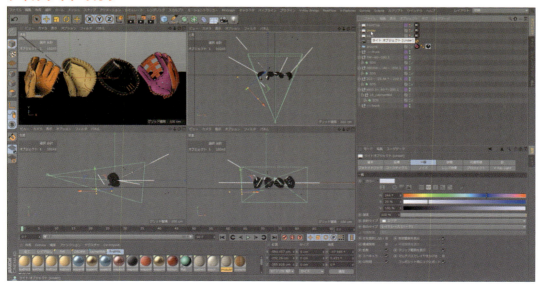

**バックライトのカラー**

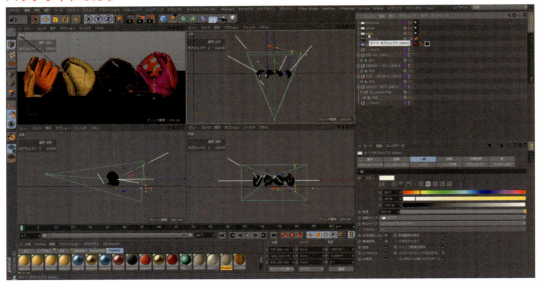

今回のライティング構成は、結果的に**キーライト**+**フィルライト**+**バックライト**を使用した3点照明となりました。

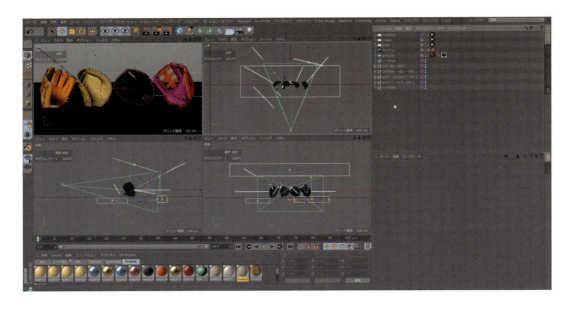

3点照明とは、スタジオライティングの基本的な手法でさまざまなシチュエーションで有効です。3つのライトの中で一番重要なのはキーライトです。今回はトップからのライトがキーライトとなりましたが、キーライトがトップからである必要はまったくなく、大事なのはどのような絵にしたいか、目指す絵にするためにどこにどのようなキーライトを配置するかだと思います。
真横からキーライトをあてることで更にコントラストが効いた、ディテールを強調するようなライティングができる場合もあると思います。

また、全体に光をまわして清潔感のある明るい表現をねらう場合は、ドームライトをキーライトに選ぶ場合もあるかもしれません。
キーライトが決まった上で、不足していると感じる部分を補うのが追加されるライトであるべきだと思います。
こういった考え方や知識は、実際の撮影現場で勉強できればよいのですが、そういった機会もなかなかないと思います。私の場合は、実際のカメラやスタジオライティングの書籍を読み、プロの経験や知識を真似してCGに落とし込んで試行錯誤するようにしています。

## 1-4-2　レンダリング設定

### V-Ray設定

**GI（グローバル・イルミネーション）** を使用して静止画をレンダリングしていきます。
私は通常イラディアンスマップ+ライトマップの組み合わせを使用しています。
各マップの詳細設定についてはプリセットを使用しています。
V-Rayが使用できるようになった当初は、GIの詳細設定をいろいろと試行錯誤しながら適正値を探る作業もしましたが、マシンパワーとV-Ray自体の進歩のおかげで、現状ではプリセットでどうにもならず困った経験はほとんどありません。
GI設定は下図のようになっています **(Sample Data：Ch01_14)** 。

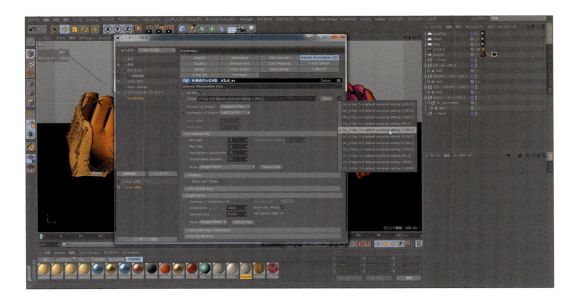

他のV-Ray関連の設定項目は下図のようになっています。
執筆時のV-Ray 3.4.01になってからは、初期設定でほぼ問題なくレンダリングできています。
下図は、アンチエイリアシングの設定項目及び数値です。
デフォルトの数値を使用しています。

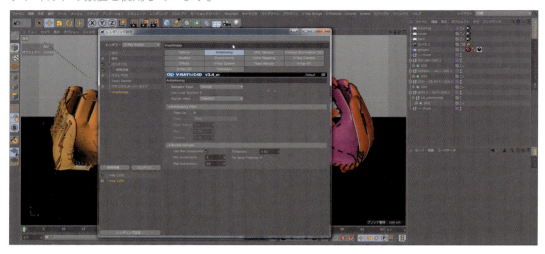

カラーマッピングの設定項目及び数値です。
Typeにデフォルトの**Linear Multiply**を使用しています。数値もデフォルトです。
今回の静止画作成では、ある程度コントラストを効かせたかったので**Linear Multiply**を使用しました。たとえば、インテリア空間を全体的に明るく表現したい場合などには**Exponential**を使用します。

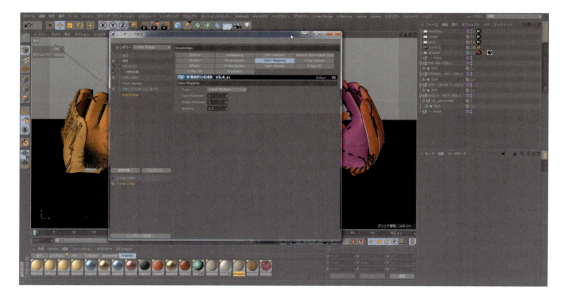

シーンによっては、ノイズが取れにくい場合がまれにありますが、その時はアンチエイリアシングの**Max Subdivision**の値を上げて対処します。少しレンダリング時間が長くなる傾向があります。

このように、V-Ray設定については初期設定もしくは、プリセットでほぼ問題なくきれいにレンダリングしてくれます。与えられた時間の中で、レンダリング設定の試行錯誤に時間をかけるよりも、モデリングやマテリアル、ライティングの試行錯誤に時間をかけるほうが全体のクオリティアップにつながると今では考えています。

ここで、V-Rayのディストリビュートレンダリングについてちょっとだけ解説します。
ディストリビュートレンダリングは、ネットワークに繋がっているマシンパワーを使用して静止画のレンダリングを高速化する機能です。

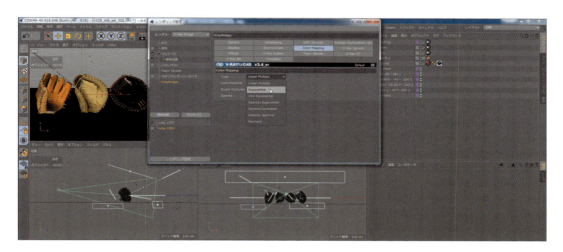

現在では、CINEMA 4DでもTeamRenderという機能の中に同等のものが含まれています。
V-Rayのディストリビュートレンダリングの使用方法は、ネットワークにつながっているマシンで、V-Rayスタンドアローン版を起動し、V-Ray設定で下図のように、各マシンのIPアドレスを指定するだけで使用することができます。

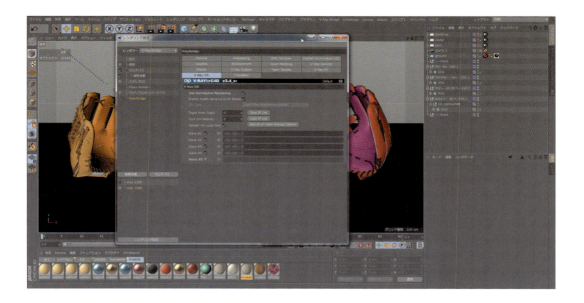

V-Ray for C4Dでディストリビュートレンダリングを使用する際に、いくつか注意する点があります。

① マテリアルで使用するシェーダ類は、すべてV-Rayシェーダを使用する
② マテリアルの投影方法はすべてUVWマップを使用する

以上の２点です。
特にすべての投影法をUVWマップにすることについては、場合によっては少々手間を感じるかもしれません。
UVWマップの手間とディストリビュートレンダリングの恩恵とどちらを取るか、最終レンダリングサイズやオブジェクト数、プロジェクトの内容により判断することになります。
ディストリビュートレンダリングを使用する際、私の環境では、CINEMA 4Dを起動しているマシンを含め、最高5台のマシンでレンダリングが可能になっています。静止画を作成する場合は、いつもこの環境でレンダリングします。高解像度の最終レンダリング時の貢献度ももちろん高いですが、途中のライティングチェックやマテリアルチェック時のテストレンダリングでも、ディストリビュートレンダリングを使用してレンダリングスピードを速くすることで、試行錯誤の回数を増やしてクオリティアップを図ることができます。

## マルチパス設定

マルチパスはレンダリングの様々な要素を別ファイルとして１度のレンダリングで出力できる機能です。出力した各要素は、レンダリング後に画像編集ソフトなどで使用することで、効率よく作品をブラッシュアップすることができます。
CINEMA 4D標準機能にもマルチパス機能はあり、V-Rayのマルチパスも基本的には同じ機能を持ち合わせています。
今回はレンダラとしてV-Rayを使用しますので、CINEMA 4D標準のマルチパス設定項目は使用できません。V-Ray専用のマルチパスマネージャである**V-ray Bridge＞V-Ray Multipass Manager**から設定していきます。

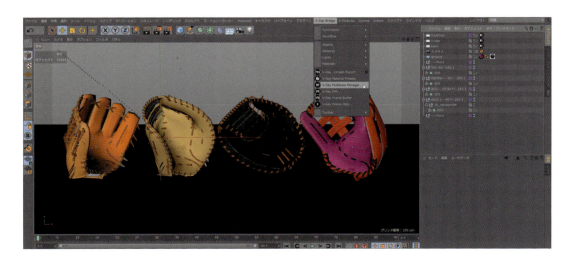

そして、CINEMA 4Dのレンダリング設定内の**マルチパス**に**特殊効果**パスを追加することで、V-Rayのマルチパス機能を使用することができます。

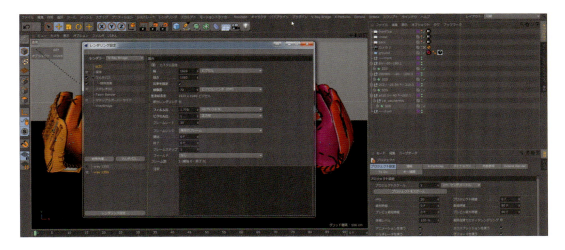

**V-Ray Multipass Manager**のメニューから**Render Elements**をクリックしプルダウンメニューから必要なパスを選択し、右半分のエリアで各パスの詳細を設定していきます。

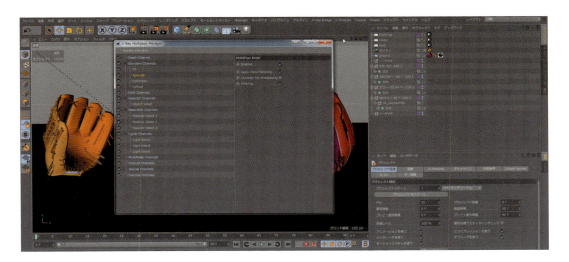

出力できるパスは、ディフューズ、リフレクション、スペキュラなどのビューティー要素や、オブジェクトごとの選択用パス、マテリアルごとの選択用パスなどのオブジェクトバッファ類、シーンで使用しているライトごとのパス、デプスパス、などなど非常にたくさんのパスを出力することができます。マルチパスの中で、私はよく**アンビエントオクルージョンパス**を出力することがあります。CINEMA 4D標準のマルチパスでは、アンビエントオクルージョンパスをワンクリックで非常に簡単に設定することができますが、V-Rayでは、**Render Elements**メニュー内に見つけることができません。

V-Rayでアンビエントオクルージョンパスを出力するには、まず、メニューから**Extra Tex**パスを追加します。
V-Ray Multipass Manager内の右側の各種設定項目のテクスチャに**V-Ray Dirt**シェーダを追加し、右半分で詳細を設定します(次の図を参照)。

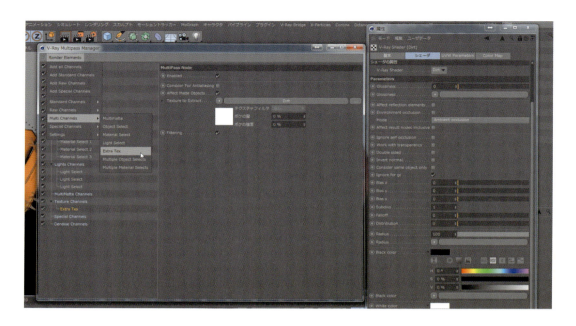

こういったマルチパス内にマテリアル設定にあるような画像やシェーダを読み込める点は、非常に便利な機能です。
先のアンビエントオクルージョンを例に出すと、通常のアンビエントオクルージョン以外にも、画像を読み込ませることで色むらのあるアンビエントオクルージョンなども出力することができます。
下図のようなシーンを例にとって解説します。

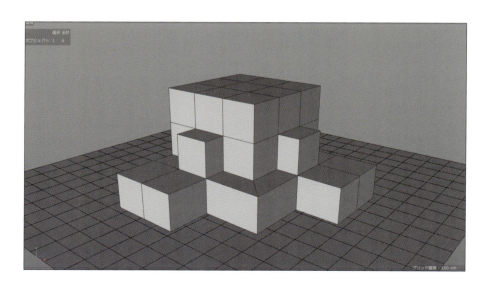

通常のアンビエントオクルージョンを**Dirt**シェーダを使用しレンダリングすると下図のようになります。
CINEMA 4D標準のアンビエントオクルージョンパスと同等のものです。

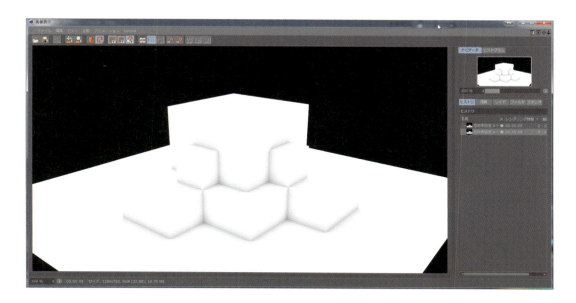

**V-Ray Multipass Manager**内、**Dirt**シェーダの**Black color**に汚しの画像を読み込みます。

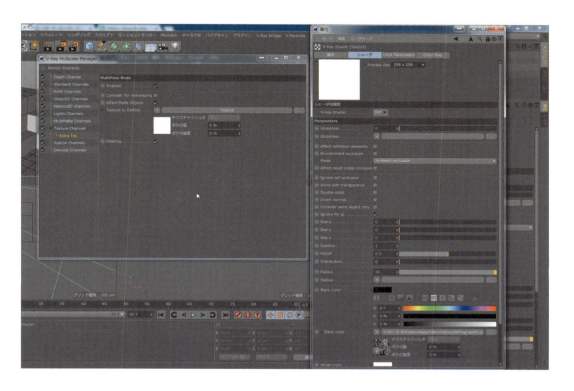

前ページの設定を行うと、下図のようにレンダリングされます。

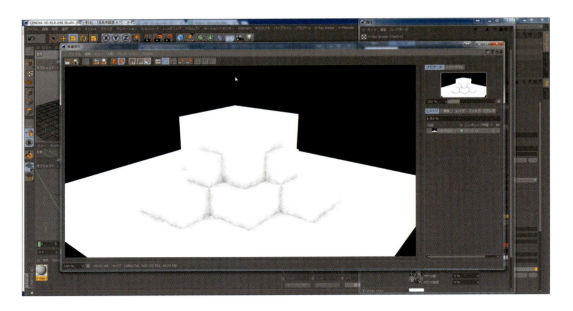

読み込む画像によって、さまざまな表現が可能となります。

少し内容がそれてしまいましたが、後のレタッチで必要になりそうなマルチパスを設定し、レンダリングをスタートします。レンダリングが終わった時点での画像は下図のようになりました。

## レタッチで完成へ！

最終の仕上げ作業は**Adobe Photoshop**を使用します。

**Step 01** レンダリングしたRGB画像とマルチパスで指定した画像をすべて開きます**(Sample Data：Ch01_15)**。

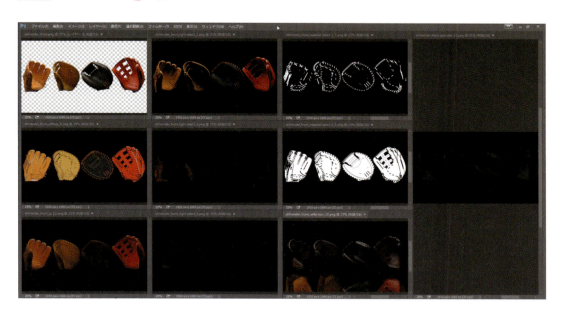

**Step 02** RGB画像をベースに追加したい要素の画像をレイヤーとして重ね、モードと不透明度を調整しながら作業を進めます。

背景がベタの黒という単調な印象のため、少し明暗の変化をつけます。

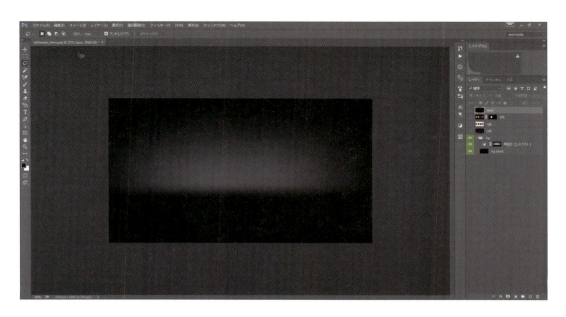

Chapter01：Tsukasa Abe

| Step 03 | 今回V-Rayを使用した大きな理由の一つであるスペキュラを追加します。
マルチパスで出力したスペキュラ要素のみの画像をレイヤーとして重ね、モードを**覆い焼き(リニア)**に変更します。当初のねらい通り、レザーらしい艶を出すことができました。 |

| Step 04 | よく画像を観察すると左から2つ目のファーストミットが他に比べて光が入ってこず、少々暗い印象を持ちました。
マルチパスで出力したGI要素の画像の、ファーストミット部分のみをレイヤーとして重ね、モードを**覆い焼き(リニア)**に変更し、不透明度を調整します。 |

下図が完成画像になります(Sample Data：Ch01_16)。

# Chapter 1-5 ギャラリー

シューズ習作。
時間をかけ、モデリングからレンダリングまで、当時の自分が出来るすべてをつぎ込んだ静止画作品。レンダラはVray for C4Dを使用。

シューズ習作
レンダラの比較検討のために作成。モデリングからレンダリングまで作業。レンダラはcorona renderを使用。

プロダクトモデリングの習作
複雑なモデリングへの挑戦として作成しました。モデリングからレンダリングまで作業。レンダリングはVray for C4Dを使用。

インテリア空間とガラス表現の習作
モデリングからレンダリングまで作業。レンダリングはVray for C4Dを使用。

インテリア空間の習作
モデリングからレンダリングまで作業。レンダリングはVray for C4Dを使用。

複雑なモデリングとリグ作成の習作
モデリングからレンダリングまで作業。レンダリングはVray for C4Dを使用。

複雑なモデリングとリグ作成の習作
ダイナミックな構図を探るために作成。モデリングからレンダリングまで作業。レンダリングはVray for C4Dを使用。

## 1-5-1 まとめ

Wilson様とクリプトメリア様にご協力いただき、実際のプロジェクトの作業工程を紹介してきました。
私は以前、自身のブログでCGの制作工程を頻繁に投稿していた時期がありました。実際のプロジェクトではなく、プライベート作品を題材にしていましたので、納期もなくとことん作り込むような作業を投稿していました。
今回は、実際のプロジェクトということで、大量のグローブを作成する過程でクォリティをキープしながらも限られた時間内で効率よく進めることが大事な要素でした。
モデリングの土台としてAgisoft PhotoScanを使用し3Dスキャンをすることでモデリング初期段階の作業効率を大幅に上げることができました。また、細かいパーツは極力使い回しができるように、平面的にモデリングしたものをデフォーマで変形していく方法を取り、さらに、V-Rayのディストリビュートレンダリングを使用し、限られた時間内でも可能な限り試行錯誤できたことなど、当初の目標をクリアしながら作業を進めることができました。

今回のこの記事が、読んでくださったCINEMA 4Dユーザーさまにとって、何か少しでも参考になる所があればうれしいです。

# 警備・護衛用人型ロボット

**Chapter 2**

## Chapter 2-1 概要と下準備

今回解説するのは、パーソナルワークで作成したSFロボットモデルの作例です。
ここでは基本的に自分で描いたラフのコンセプト画からロボットモデルをハードサーフェイスモデリングの手法を用いて制作していきます。最終的にコンポジットを行いCG静止画として完成させるまでの作成工程を通して自分が普段行なっている作業ノウハウを紹介いたします。

## 2-1-1　デザインコンセプト

まずロボットのデザインを考えるにあたって漠然で良いのでコンセプトを決めます。

筆者が個人制作をする際は最初にコンセプト、つまり制作のゴールを決めます。制作の方向性のゴールを決めずにアイデアの沼の中でグズグズして時間を消費してしまうのは、個人制作ではありがちなことです。そうならないため方向性をあらじめ決定　後、リファレンスを収集し細部のデザインを詰めていきます。

今回はコンセプトを**警備・護衛用人型ロボット**にします。コンセプトは決まったので次はリファレンスを集めます。

まずリファレンス集めるにあたって、完成イメージに近い作品を集めるだけでなく、より説得力のあるディテールの参考となるようなリファレンスを探し出す必要があります。

例として、現実のロボットに目を向けます。現在、ロボットは空想上だけでなく現実社会で産業・娯楽・サービスと様々なシーンで利用されています。それらを調べ知見を得ることは、実際に産業用ロボットアームのモデルを作らないにしても、制作するモデルのディテールやモデルそのもののデザインに説得力を持たせることができます。

実物のリファレンスをそのまま制作するとただの産業機械になってしまいますので、バランスを見ながら自分のイメージとすり合わせていきます。

以上のことを踏まえて、自身のイメージと現実的なディテールを待たせることで、創作(嘘)なデザインになるように試行錯誤しデザインを完成させます。

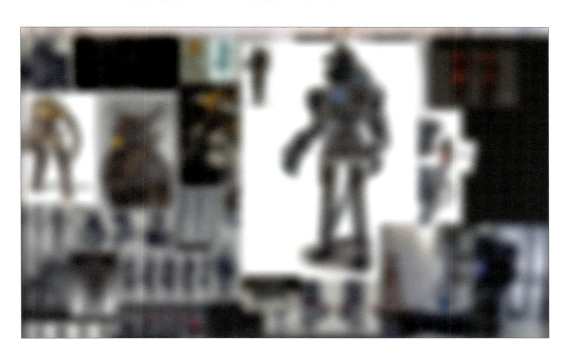

## 2-1-2 スケッチ

自分は本職のイラストレーターやコンセプトアーティストではないので、ラフスケッチで大まかな全体像を作った後、リファレンスを参考にしながらモデリングすることになります。
ですが、自分のイメージをスケッチで一旦出しておくことで、アイデアが整理・理解されよりイメージが強固なものになり、モデリングの際にスムーズに作業を進められるだけでなく本来のイメージから逸脱することを防げます。
下の画像が、今回のコンセプトである**警備・護衛用人型ロボット**をイメージして描いたスケッチになります。

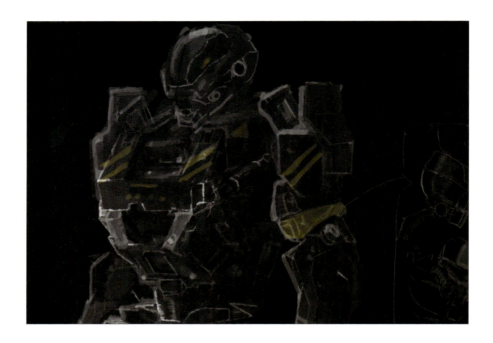

このスケッチを描くに当たってイメージした要素は次の通りです。

- 警備・護衛用としての威圧感と堅牢さ
- 市街地で運用する際の機動性を確保
- 腕は前腕部の面積が大きく要人保護の際や自身の盾という意味合いが強く作業用マニピュレーターとしての用途は薄い
- 基本色は黒系(黒、灰色、都市迷彩)で差し色として黄色を使用
- 体の各パーツをつなぐダンパーパーツ
- 手足関節部分の追加装甲材(都市迷彩)
- 工業製品として規格化されたパーツ感(同じオブジェクト(ネジ、ダンパー等)を繰り返し使用することや、注意書き、製品名の記載のデカール配置)

警備・護衛用の製品としての要素を人型ロボットの枠に当てはめるとどんなものが必要になるか、リファレンスを参考にしながら描いていきます。

全体のスタイルバランスと各要素がどこにどうあるかがわかるよう、細部の描写は必要最低限で描写していきます。アートワークというよりは、各部品がここに配置され**全体が構成されているという計画書、モデルの設計図**を作っていくと考えてください。

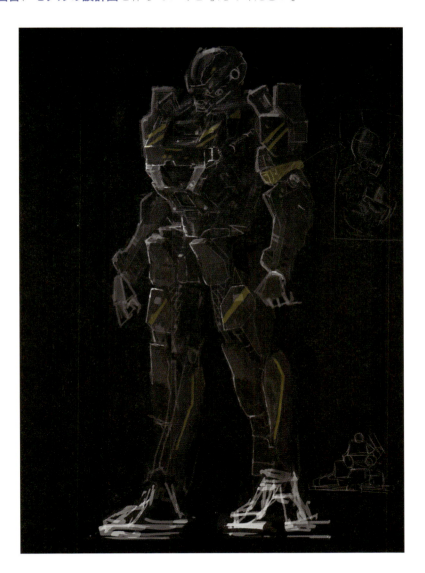

# Chapter 2-2　モデリング

モデリングの章では、デザイン画を元に各パーツの特性に合わせてSDSモデリング、ポリゴンモデリング、スカルプトモデリングを使い分けながらロボットの3Dモデルをモデリングします。

## 2-2-1　モデリング手法について

今回のモデルで使用する手法を解説します。
**ポリゴンモデリング（ハードエッジ）** と **サブディビジョンサーフェイスモデリング（SDS）、スカルプトモデリング** を部品ごとの特性に合わせて使い分けて制作します。各手法の作業時に詳しい解説をしていますので、ここでは簡単に説明しておきます。

- **ポリゴンモデリング**　従来からある読者の方々にも馴染みのあるモデリング手法でしょう。基本的に大まかなモデリング後にベベルでエッジの処理を行い完成させます。今回はエッジが立っている角ばったモデルや、小さい細々とした部品をこの手法で作成します。

- **サブディビジョンサーフェイスモデリング**　近年、映画などのプリレンダリングで使用されることの多い手法です。少数ポリゴンで構成されたオブジェクトをスムージング（細分化）し滑らかな曲面にします。任意の場所にエッジを追加してモデルにかかるスムージングを制御します。有機的面な曲面の多いオブジェクトを作成する際に使用します。

その他に、最終的にはサブディビジョンサーフェイスモデルになりますが、**スカルプトモデリング** も行います。
スカルプトモデリングは他製品のPixologic ZBrushなどが有名ですが、CINEMA 4DでもZBrushほどではないですが十分なスカルプト機能があります。今回はベースメッシュをスカルプトした後、サブディビジョン用にリトポロジー作業をしてローポリゴンモデルを作成します。
以上、SDSモデリングとポリゴンモデルの2つ手法はハードサーフェイス（硬い表面）モデリングと呼ばれています。

## 2-2-2 ベースメッシュモデリング

では、モデリング作業に入ります。
まずはスケッチを元にモデルを組み上げていくことになりますが、最初はCINEMA 4Dにスケッチをビューポートに表示させそれを元にプロップモデルを制作、全体の配置のバランス感を確認します。

### ▎プレビュー設定

モデリングに入る前にプレビュー周りとプロジェクトの設定を行います。
実寸の人型サイズ基準で作成するので、プロジェクトスケールはcm単位にします。
スケッチは分割ビューの一つに前面カメラを設定しスケッチを表示させます。
**モード＞ビューポート＞背景**でスケッチ画像**（Sample Data：Ch02_01内の画像ファイル）**をインポートし、サイズとオフセットを調整します。
左面or右面も同様に設定しておきます。

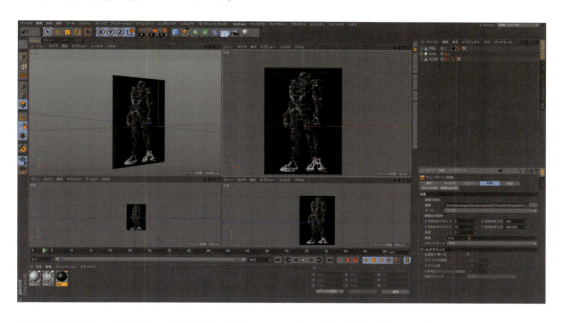

透視カメラビューからはこの設定ができないので、平面オブジェクトにテクスチャとして貼りつけています。この際**マテリアル＞エディタ＞テクスチャプレビュサイズ**でプレビューに問題ない解像度サイズに変更しておきます。

### ▎ベースメッシュ作成

早速、シンプルなメッシュのオブジェクトを作成し配置していきます。
ベースメッシュを作る際に注意すべきことは、**ディテールを追いすぎない**ことです。
基本的なディテールのみのパーツを配置し全体のプロポーションバランスを整える作業に注力します。

プロポーションを決める前にモデル全体のサイズも考えます。今回は、巨大ロボではなく人間の生活範囲内に存在するサイズのロボットなので、それに合わせたサイズ感にする必要があります。実際に170〜180cm程度の人物オブジェクトを基準に並べるとサイズ感の比較がしやすくなるので、CINEMA 4Dの**コンテンツブラウザ＞Prime＞3D Objects＞Humans**から男女どちらかのブジェクトをプロジェクトにインポートして使用します。

サイズは警護ロボットとして対象の盾になる必要があるため、180cmある大きめの被警護対象でも覆い被されることができ、公共の生活空間内でも活動できるサイズとして200cmにしました。

以上のようなモデルのコンセプトと集めたリファレンスの確認も忘れず作業を進めます。

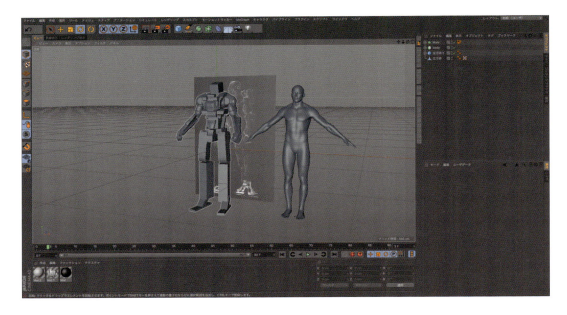

ベースメッシュができました(Sample Data：Ch02_01.c4d)。

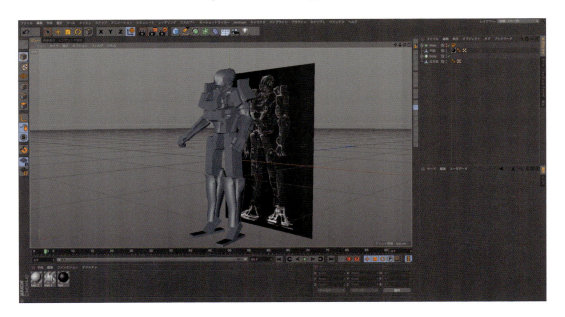

必ずしも、完璧なプロポーションをこの段階で作る必要はありません。ここでは、ベースメッシュのプロポーションを作り調整していく過程で、明確なイメージを作成できたことが重要なのです。
さて次は、各パーツのディテールをつけていきます。

## 2-2-3 頭部モデリングの開始

ここでは頭部モデリングを開始するにあたり、まず作成した頭部モデルのベースメッシュを元に大まかなディテールをナイフツール、ループカット、ポリゴンペンを使って追加していきます。特にポリゴンペンはポリゴン・ポイント・エッジの追加、結合だけでなく移動も可能なので、他のツールに切り替える時間が節約され、非常に作業効率を高めることができます。
その後、SDSを適用させた際にオブジェクトの任意のエッジが際立つようにエッジを追加する面取り作業を行っていきます。
まずはこれから行うSDSの作法を簡単に見ていきましょう。

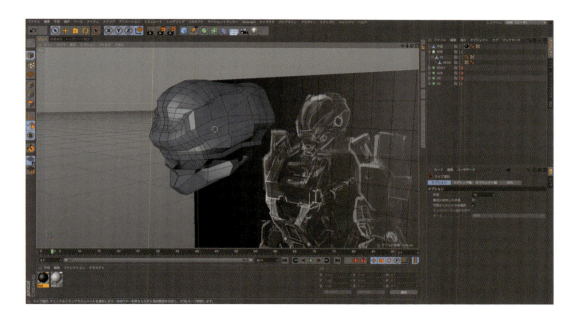

## SDSモデリングを行う上でのポリゴン作業の注意点

作業を始める前にここでSDSモデリングを行う上での注意点を解説します。
SDSでは、なるべく四角ポリゴンで構成されたトポロジーになるように作成していきます。
三角ポリゴンも決して使ってはいけないわけではありませんが、一つの頂点に4つ以上のエッジが多数集まってる場合にSDSを適用させると歪みができシワのようになってしまうことがあります。
たとえば、SDSで円柱を作成する場合、そのままでは下図のように底面の角は丸まり、中央にはシワが寄ってしまいます。

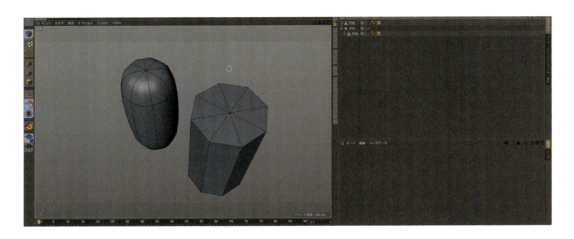

そのため、底面中央の頂点に集中しているエッジを整理し、後ほど解説するエッジの追加で底面の角を立たせる必要があります。

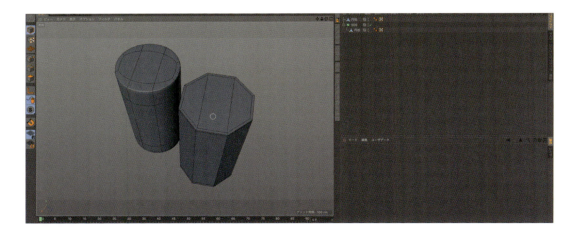

以上のように、今回は四角ポリゴンかつ頂点に4つのエッジを持った構成にします。
三角オブジェクトはオブジェクトのトポロジー構成(平面など)によっては問題なく使用できるので、クライアントワーク作業でクライアントのレンダラの制約やプロダクションのモデリング作法の方針による指示で使用が禁止されるなどしてない限りはトポロジーの状況を見て使用可能です。

**多角形(N-Gon)**ポリゴンなどの不正ポリゴンは、編集作業中は問題ありませんが完成時に残っているとトラブルの原因になるので最終的には必ず四角ポリゴン、三角ポリゴンのいづれかに分割しておきます。

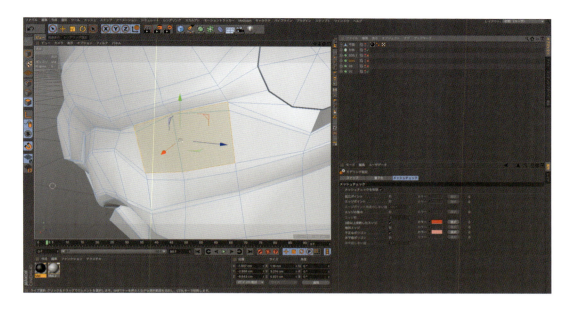

また、今回のように大量のリトポロジー作業を行うようなケースでは、その最中に意図していない不正ポリゴンが発生している可能性があります。そういった確認しづらい不正ポリゴンの発生は、**メッシュ＞コマンド＞モデリング設定＞メッシュチェック**で確認して修正します。

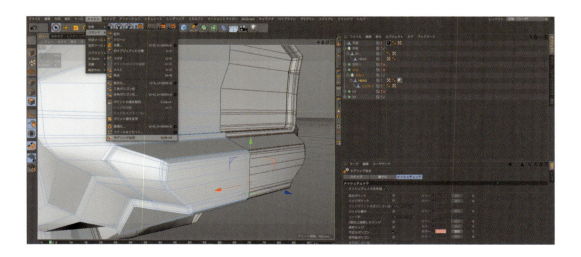

**不正なポリゴン**にチェックを入れ、任意のカラーを設定します。不正ポリゴンがある場合だと選択ボタンの右に不正ポリゴンの数がカウントされ、ビューに先ほど選択したカラーで表示されます。視認しづらい不正ポリゴンがあった場合は、右側の選択ボタンを押すと不正ポリゴンが選択され直接編集することができます。

最後にN-Gon(不正ポリゴン)の取り扱いについて簡単に説明します。リトポロジーの編集中はN-Gonでの作業が多くなります。しかしポイントやエッジを移動調整中にポリゴンが移動に追従して変形しなくなります。

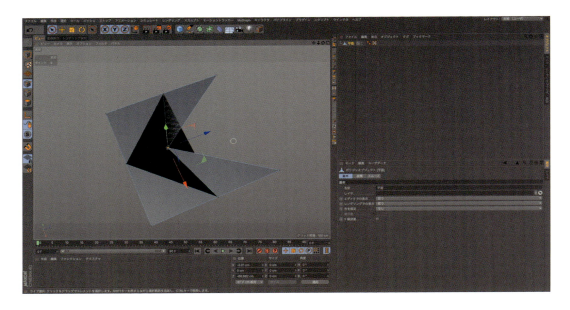

現状のままだと、四角・三角ポリゴンに分割する際に支障が出ますのでどうにかしなければなりません。
正常なポリゴンの形状に戻すには**メッシュ＞N-Gons＞N-gon内部を常に更新**を選択します。

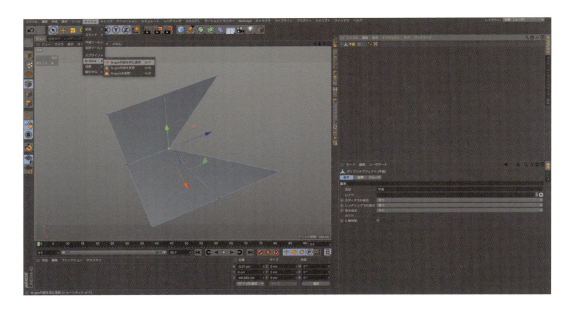

これで正しい形状に戻りました。しかし、この現象が起きるたびに修正するのは良い手段といえません。ですので、常に正しい形状に表示するために、**メッシュ＞N-Gons＞N-gon内部を常に更新**を選択状態にしておきます。

## エッジを立たせる

基本的にSDSでエッジが立った角ばった形状にするには、エッジを立たせたい箇所にエッジを追加します。そして、追加エッジの詰め具合や本数によってエッジの立ち具合を調整できます。

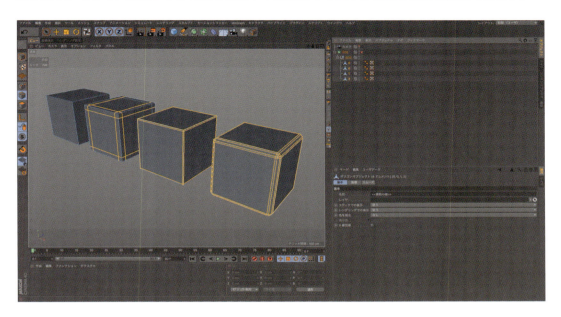

下図の立方体を見てもらえればわかりますが、エッジの詰め具合やメインのエッジを挟む追加エッジの本数によって曲面の立ち具合が変わっています。

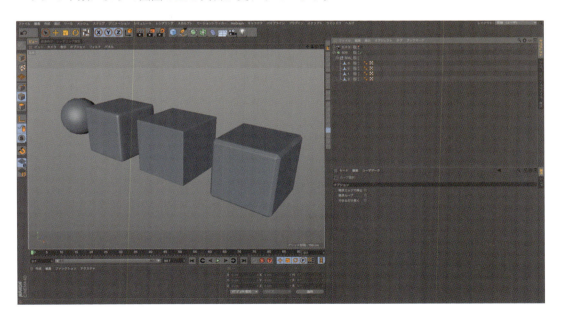

この立ち具合の感覚を掴むために、立方体などのシンプルなオブジェクトで練習してみると良いでしょう。

それでは、これまでの解説を踏まえ実際に頭部のエッジを立たせる作業に入ります。
ここでは作業しやすいように頭部のモデルだけを抜き出し、さらに頭部の半分を削除して対称オブジェクトの子にした状態から作業を進めていきます **(Sample Data：Ch02_02)**。

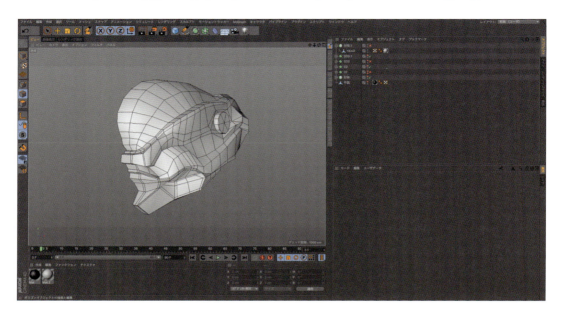

| Step 01 | それでは、**Q**キーでSDSを切り替えつつ実際にエッジを追加していきましょう。まずモデル全体を見てどこのエッジを立たせてメリハリをつけていきたいかを見定めます。 |

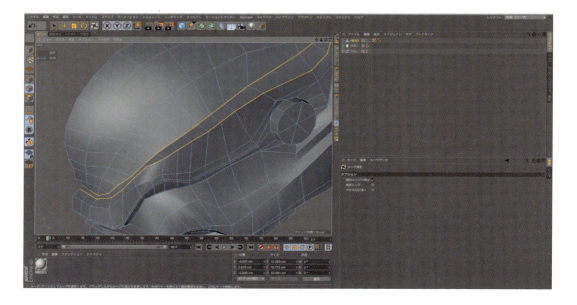

追加箇所が決まったら、**ループ/パスカット**ツールでループエッジを追加していきます。

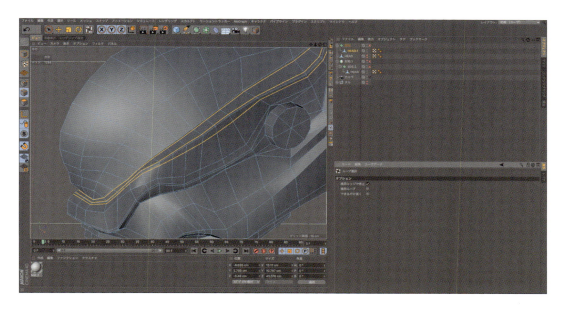

| Step 02 | エッジの追加が終わったら、SDSを適用させSDSのかかり具合を見ながら追加エッジの調整をしましょう。 |
|---|---|

エッジの処理はモデルそのものの印象を左右します。モデルのどこにエッジで表情をつけていきたいかをよく考えながら作業します。

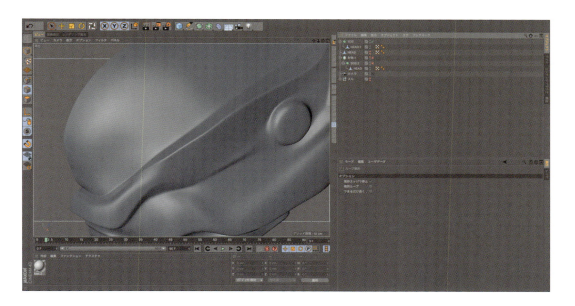

Step 03 | 次は既存のエッジを利用してエッジの処理を行います。
その都度新たにエッジを追加する必要はなく、すでにある隣り合ったエッジとの間隔を変えることで立ち具合を調整することができます。移動するエッジの箇所によっては形状が崩れてしまうので注意しながら移動させるエッジを選定しましょう。

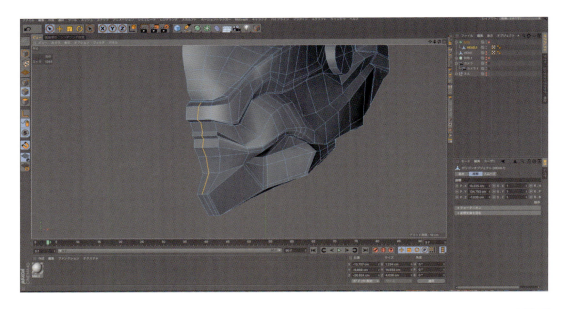

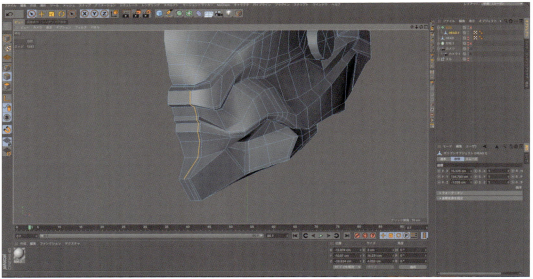

| Step 04 | 以上の流れで他の箇所にもエッジを追加していきます。スカルプトのベース用ですので、ある程度大雑把でも構いません。 |

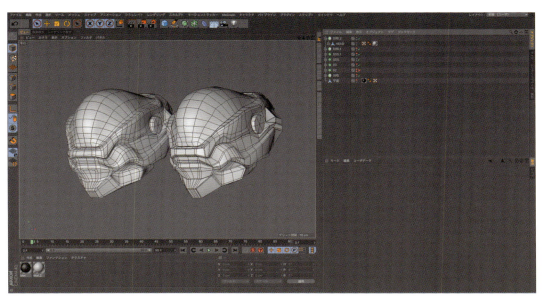

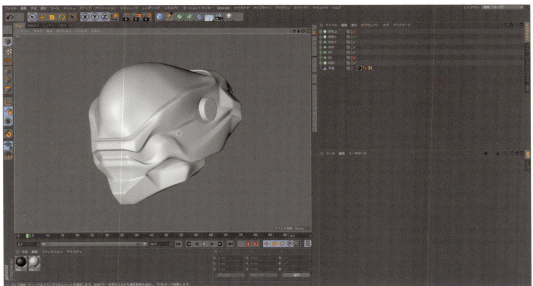

現状のディテールはこの程度でいいでしょう **(Sample Data：Ch02_03)**。
細部のディテールは次のスカルプトモデリングで作成します。

## 2-2-4 スカルプトモデリング

スカルプトモデリングは3Dオブジェクトを仮想の粘土として扱い、彫像の技法でモデリングしていくことが可能です。CINEMA 4DでもStadioとBodyPaint 3DのバージョンR14以降から**スカルプト**として導入されています。

今回は、リトポロジーのたたき台として先ほど作成した頭部オブジェクトをスカルプトで形状を調整し、詳細なディテールを追加します。その後、リトポロジーを行いSDSに最適なモデルに再構成します。

### スカルプトモードでの作業

**Step 01** 前節の作業完了データ**(Sample Data：Ch02_03)**から開始します。
まずはスカルプトの準備を整えるため、レイアウトを**Sculpt**に変更します。

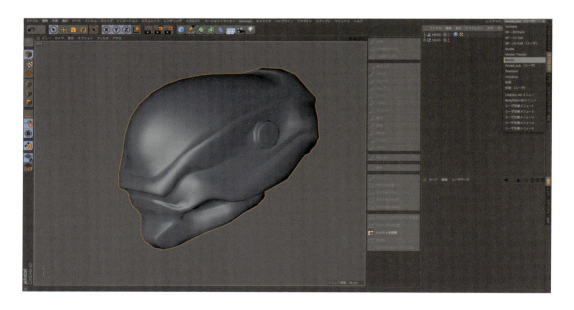

Sculptレイアウトは左からビューポート、中間にブラシや各種スカルプト機能をまとめたパレット、右端にスカルプトレイヤー、属性・オブジェクトマネージャといった要素で構成されています。

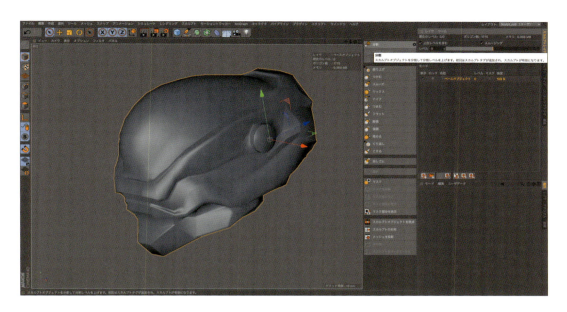

| Step 02 | 頭部オブジェクトを選択した状態で中央パレットの一番上の**分割**をクリックします。これでスカルプト作業用の分割がなされました。オブジェクトマネージャを見ると頭部オブジェクトに**スカルプトタグ**が付いているのがわかります。

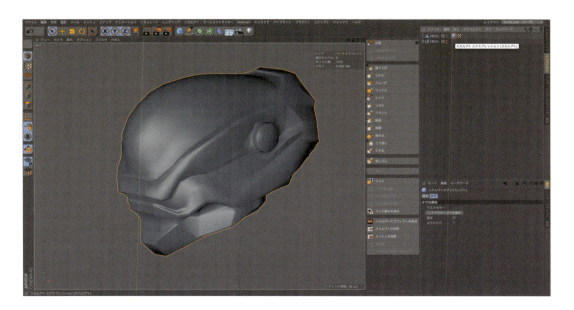

しかし、スカルプトレイヤーとビューポートの右上の表示を見ると分割のレベルは0で実際には分割の準備ができただけで分割はされていません。分割レベルを上げるためにもう一度、**分割**をクリックします。

レベルが1になり、ポリゴン数も増加しました。スカルプトでは分割数のレベルをスカルプトレイヤーのスライダーか中央パレットの**分割数を下げる／分割数を上げる**で行き来可能です。

レベル1では分割数が十分ではないので、さらに分割レベルを上げます。

分割レベルはクリック一つで簡単に上げることができますが、当前その分動作が重くなっていきます（上げすぎるとワンアクションごとに数秒待たなければならなくなってしまうようなこともあり、作業効率が急激に落ちてしまいます）。分割数の設定は、PCスペックギリギリまで分割するのではなく、作業がスムーズに行える適切なレベルにしておくことをおすすめします。

今回の作業では分割レベルは最大5程度にして作業を進めます。

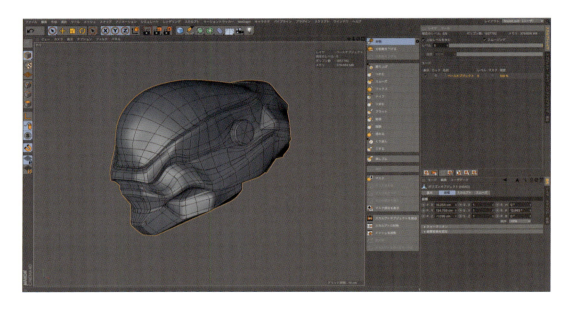

基本的にスカルプトで使用するツールはほぼ中央パレットに集約されているので、そこから適宜選択してスカルプティングしていくこととなります。

| Step 03 | まず、**ナイフ**でライン（スジ）彫りをする準備として、ツールの詳細設定を行います。**ナイフ＞対象**でX(YZ)にチェックを入れて左右対象の操作モードにします。他のスカルプトツールを使用時もこの設定からします。

次に**ナイフ＞設定**で**サイズ**：2、**筆圧**：50〜70、**描画モード**：フリーハンド、**ストローク補正**にチェック、**距離**：11に設定します。

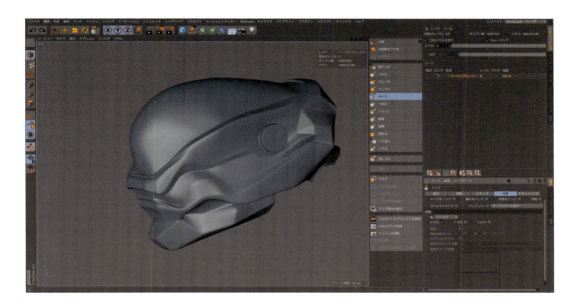

| Step 04 | **ストローク補正**のおかげでフリーハンンドでもぶれずにスジ彫ができますのでドンドン彫っていきます。直線で彫りたい場面は、**描画モード：ライン**で直線ツールに変更します。

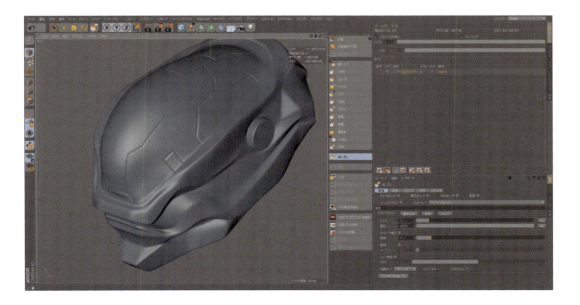

Chapter02 : Shun Endo

スジ彫りの次は、盛り上げツールを使って様々なディテールを追加していきますが、**盛り上げ**ツールをそのまま使用しても名前の通り緩やかに盛り上るだけです。大雑把に形を作るスカルプトではそれで良いのですが、今回は任意の図形の形にディテールをスカルプトしたいのでツール設定を変更する必要があります。

**盛り上げ＞スタンプ**で**スタンプを使う**にチェック、**画像**にビットマップを読み込みます。
ビットマップは白黒画像で作成されたものを用意します**(Sample Data：Ch02_04)**。この時白は最大限の効果、黒は効果なしになります。
これは、画像の白色の部分の影響がツールを使用した際に現れるということです。

このように様々な形がビットマップで表現できますが、あとでSDS用にリトポロジー可能な程度のディテールのものを使用します。

> **Memo**
> リトロポジーしたローポリゴンをUV展開後に**メッシュを投影**機能でスカルプトしたハイポリ情報を投影して、**スカルプトオブジェクトを焼成**でローポリ用の法線マップ・変位マップを書き出すことはできますが今回は行いません。

**Step 05** ビットマップをいくつか用意して、スタンンプを押すように右クリックでディテールを加えていきます。スカルプトの時、**右クリック+control**で反転モードになるので、凸凹の切り替えを行いながら進めます。

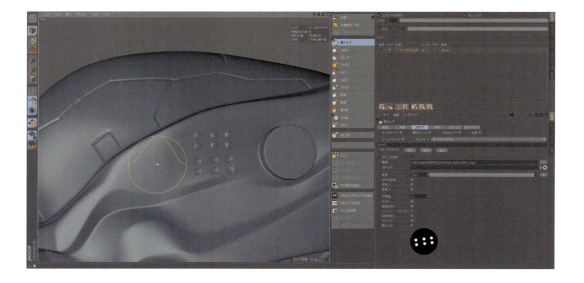

作業中は細部のディテール付けに夢中にならず、ある程度スカルプトするたびに今スカルプトしたディテールと全体のバランスを確認します。確認して修正したい箇所が発生したら中央パレットの**消しゴム**ツールで修正箇所を消します。消しゴムツールはスカルプトした箇所の形状のみに適用されます。原型オブジェクトそのものには適用されません。

全体のシルエットの修正が必要な場合は、中央パレットから**つまむ**ツールを選択し、**つまむ＞設定**からサイズで調整したい大きさに合わせた適切な値を設定しオブジェクトの一部や全体のバランスを摘んで整えます。

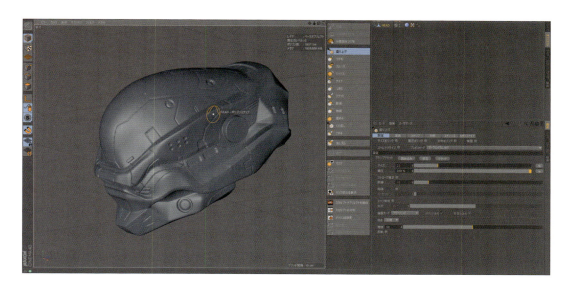

スカルプトでのディテール追加が完了しました**(Sample Data：Ch02_05)**。
次のリトポロジー作業に移ります。

## 2-2-5 リトポロジー

リトポロジーは名称どおりのトポロジーをRE(再び・し直す)することで、ハイポリゴンなオブジェクトをローポリゴンへ再構成することです。プリレンダ用のポリゴンモデルだけでなくゲーム向けのモデルでも多用されているポピュラーな手法です。

### リトポロジー準備

**リトポロジー**を作業をするにあたって使用する主なツールは**ポリゴンペン**です。
ポリゴンペンは、通常のモデリングだけでなくリトポロジー作業にも最適です。

**作成＞オブジェクト＞空のポリゴン**でリトポロジー作業のためのポリゴンオブジェクトを作成します。
オブジェクトをポイント・エッジ・ポリゴンのいずれかのモードの状態で選択し、右クリックして**ポリゴンペン**でポリゴンペンを呼び出します。

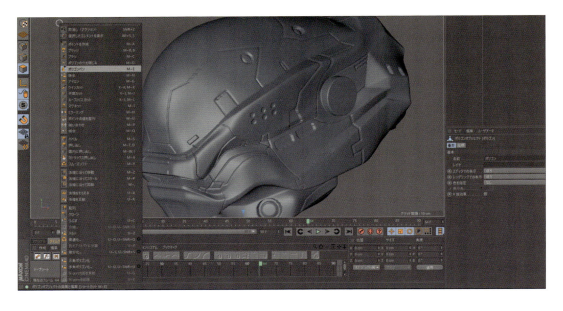

リトポロジー時、スカルプトモデルに沿ってポリゴンが作成できるようにしなければいけません。
**ポリゴンペン＞投影モード**にチェックを入れます。
それとは別に**スナップ＞スナップを有効**と**ポリゴンスナップ**も有効にし、ポリゴンペンを使用してメッシュを作成する準備は完了です。

## リトポロジー作業

リトポロジー作業はスジ彫りで分割された部分を1パーツとして扱っていきます。そのパーツごとにリトポロジー作業を進めます。

| Step 01 | ポリゴンペンの**描画モード：ポリゴン**を選択し、**ポリゴンブラシサイズ**を0.5〜1cmにしてパーツの外周を一周するようにスカルプトモデルをなぞりながらポリゴンを作成していきます。
左右対称のオブジェクトなので**対称オブジェクト**の子にしておきます。 |

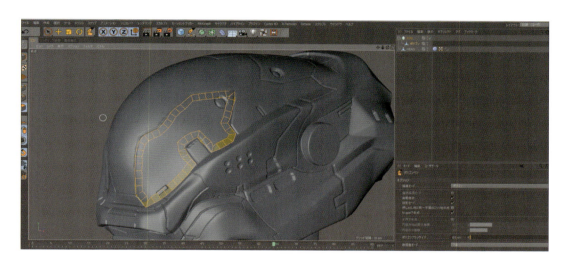

| Step 02 | パーツ外周部にメッシュを作成し終わりました。しかし、このままではトポロジーがガタガタし過ぎます。描画モード**ポイント**にして細かい調整をします。
調整が終わったら、下の図のように中央のまだポリゴンが生成されていない頭部前面部分にポリゴンを追加します。 |

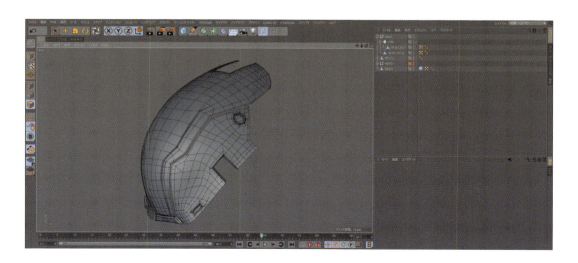

Chapter02 : Shun Endo

| Step |
| --- |
| 03 |

中心部のポリゴンを作成しつつ、スジ彫のライン部分の作成や顔正面パーツなどに新たなディテールを追加しました。

スジ彫部分の作成は、**ループ選択**を選択し、オプションの**境界線ループ**にチェックを入れます。そして、境界線エッジを選択して**押し出し**で隣り合ったパーツに届くくらいに押し出した後、**スケールツール**で縮小して内側に引き込みます。

微調整し終わったら、エッジを立たせるためにループカットでエッジを追加します。

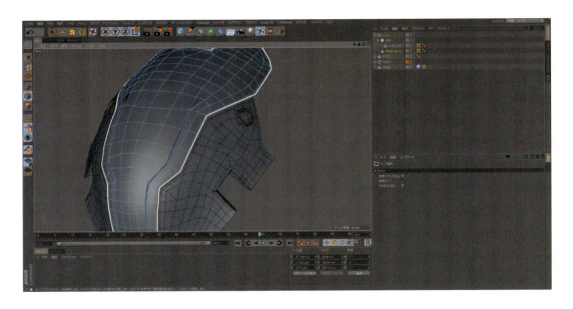

一旦、SDSで確認してみます。SDSは直下の1個目のオブジェクトにしか適用されません。ヌルオブジェクトを作成し、リトポロジーしたオブジェクトをヌルの子にしておきます。

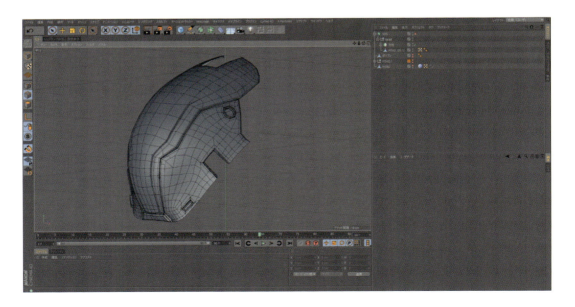

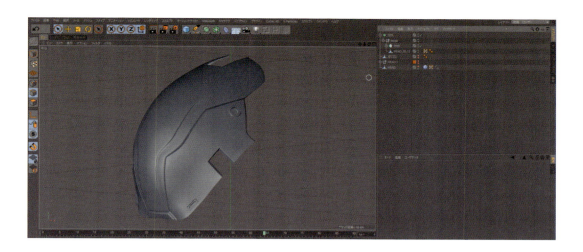

SDSを適用し、トポロジーに問題がないか確認します。
問題があれば、ポリゴンペンツールで修正し、問題なければこのパーツのリトポロジーは終了です
**(Sample Data：Ch01_06)**。
この手順で、他の頭部パーツたちも作成していきます。

## 円形ディテールの追加のための分割

先ほどのリトポジーの際に、SDSモデリングで新たなディテールを追加しました。そういったディテールの追加は他のパーツでも同様の作業です。ここでよく使う方法を詳しく紹介していきます。

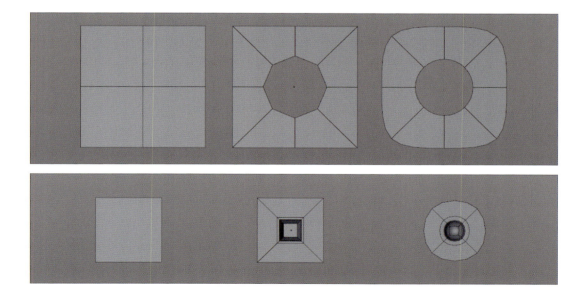

モデルに穴や円形状のディテールをつけたいとき、四分割されたポリゴンに八角形の穴を開ける方法（上図の上段）と、1つのポリゴンに四角形の穴を開ける方法（上図の下段）を筆者はよく使用しています。ここでは八角形と四角形の穴の開け方を各2種類ずつ解説していきます。

■八角形の穴を開ける方法

1つ目は、4つ集まった四角形ポリゴンの真ん中に八角形の円柱を突き刺すように配置して**ブールオブジェクト**して**上側の子**に**ブーリアンされる側、下側の子にブーリアンする側のオブジェクトを入れる**でブーリアンします。

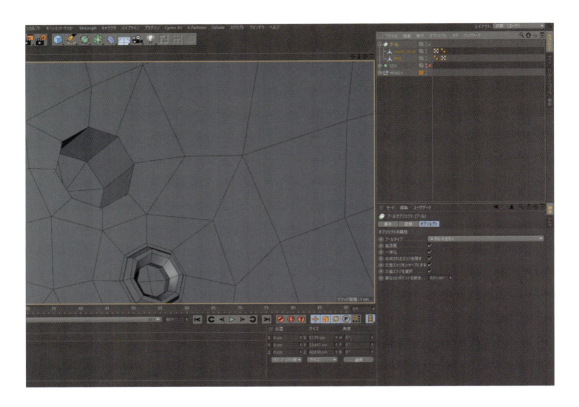

この時ブールの**オブジェクト属性**の**高品質**、**一体化**、**生成されたエッジを隠す**、**交差エッジをシャープにする**、**交差エッジを選択**のすべてのチェック項目をONにします。

Cキーで編集可能にして八角形の頂点と4つのポリゴンの頂点を繋ぐようにポイントやポリゴンを修正すれば完成です。

ちなみに、ブールの**オブジェクト設定＞ブールタイプ**を**AとBを合体**に変更すれば、飛び出した円柱を作成できます。

2つ目は、ベベルツールを使用する方法です。
4つ集まったポリゴンの中央にあるポイントを選択します。

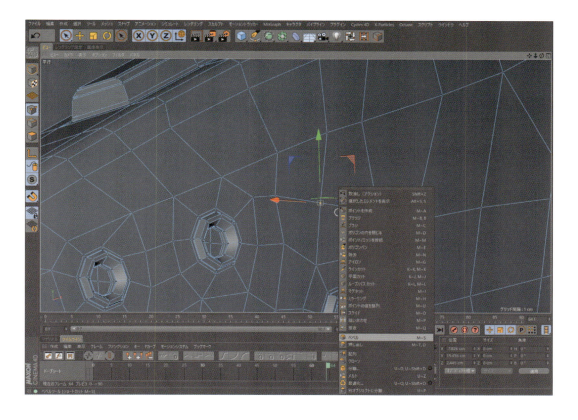

ベベルツールのデプスの値を**-100%**にしてベベルツールを使用すると、八角形の円ができます。ポリゴンの状態によっては、歪んだ円になってしまうことがあるので、そのときはブーリアンの方法を使いましょう。

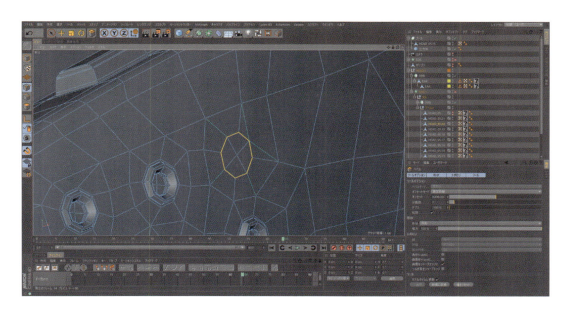

## 四角形の穴を開ける方法

1つ目は、先ほど八角柱でも使用したブーリアンを使った方法です。ブーリアンで開けた穴は歪みのない正方形の穴になるので、SDSを適用したときに正円になります。

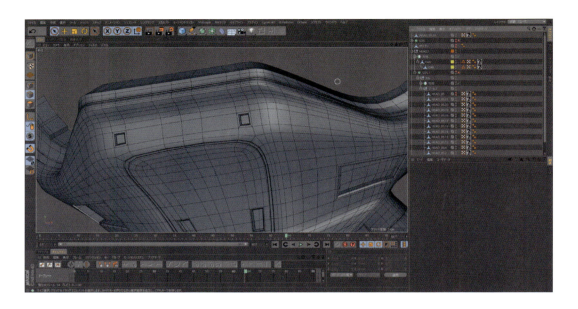

2つ目は、ポリゴンを一つ選択し、**画内に押し出し**ツールを使用する方法です。ブーリアンより手軽ですが選択したポリゴンが歪んでいる場合には、そのまま内側に押し出されるので、SDSを適用した際に歪んでしまう点には注意しましょう。

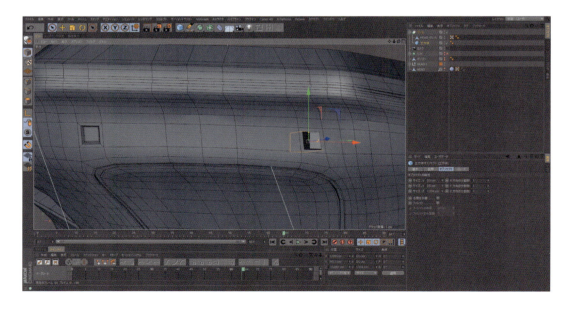

しかし、よくこの二つを見てみると穴の頂点数と穴を開けられる側の外周の頂点数が一致していることがわかります。

これは偶然ではなく穴の角数が奇数でなければ、穴の頂点数と穴を開けられる側の外周の頂点数が一致した組み合わせでSDSオブジェクトに最適な穴が開けられるということです。これを頭に入れて、必要に合わせて様々な頂点数の円形の穴を作成していきます。

## その他の分割

### エッジの増減のための分割

下の図ではエッジを途中で少ない数にまとめたり、分岐させる方法を3つ紹介しています。見てもらえれば分かりますが、どの分割・増減も三角形ポリゴンは使われておらず四角ポリゴンで構成されておりSDSモデルでのエッジの管理に便利です。

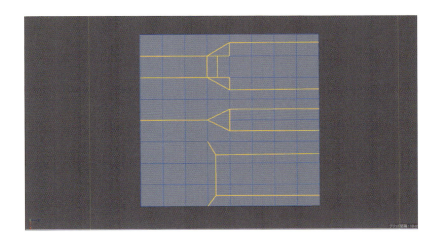

カーブのラインを作成したい場合、まず上下、左右からエッジを作成して交差させます。メインのエッジの形がくの字のようになり、くの字の折れ曲がりの反対側にエッジを足すことで交差部分を四角ポリゴンで作成できます。

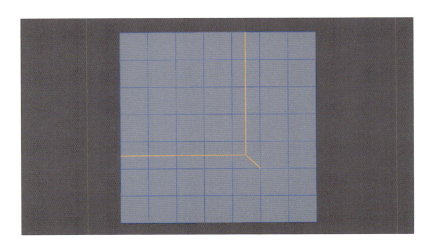

## 四角形のディテール追加

次に四角形のディテール追加の2例を紹介します。

### 四角形の四隅にエッジを追加する

まず1つ目が、ポリゴンモードで四角形を作りたい範囲のポリゴンを選択し、**画内に押し出し**ツールで指定範囲内を囲むようにエッジを追加します。

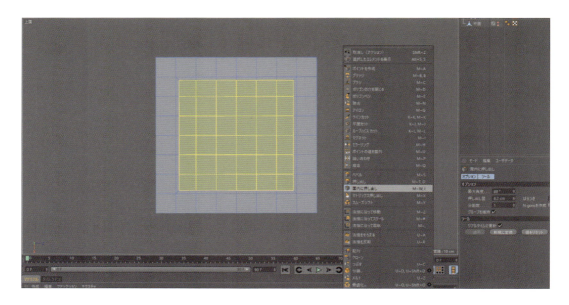

エッジを追加した四角形の四隅のエッジにベベルをかけ、四角ポリゴンになるように調整して作成します。

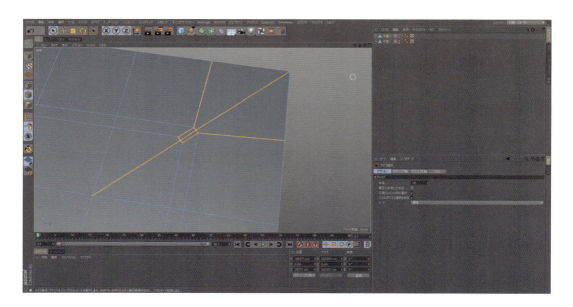

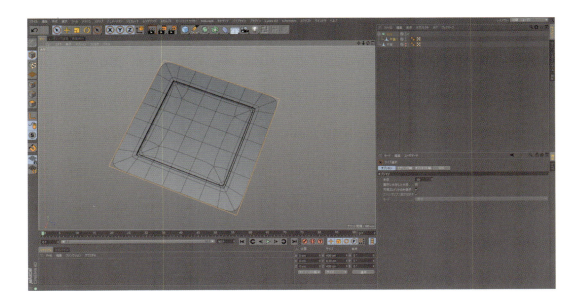

■すでにあるサーフェイスのエッジの流れを流用する
**画内に押し出し**ツールのあとに四隅の両隣にあるエッジを四隅に寄せる調整をする方法です。

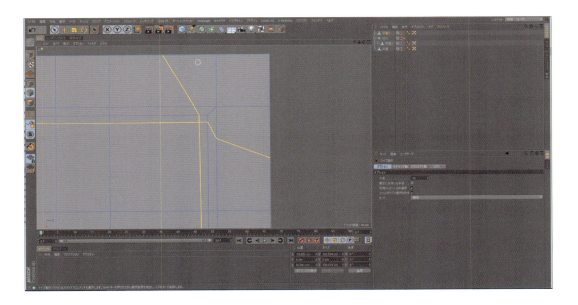

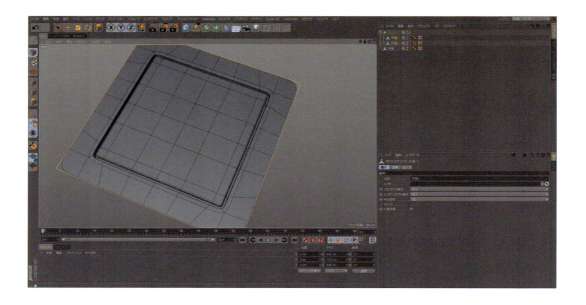

このように分割方法はいくつかありますが、基本的にはトポロジーの流れを見極めながらポリゴンやエッジを切って消す作業の繰り返しです。

日々トポロジーが綺麗な作品を探してその構成がどうなっているか、学んで行くことが大切です。

## 頭部モデル完成

ここまでに紹介してきた手法を使い、下図のように頭部モデルを完成させます**(Sample Data：Ch01_07)**。

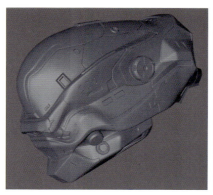

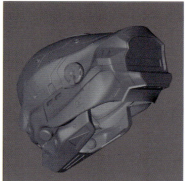

スカルプトの過程に関しては必ずしも必要というわけではありませんが、今回のように有機的な形状や入り組んだ曲面が多いオブジェクトでは、まずスカルプトでディティールをグリグリ試行錯誤しながら突き詰めていくことをおすすめします。

## 2-2-6 ポリゴンモデリング

SDSモデリングの次は、通常のポリゴンモデリングで三次曲面が少ない部品をメインに作成していきたいと思います。
作業の流れは大まかなモデリング後にディテールを追加、ベベルでエッジの処理を行い完成させるというものです。ここではその流れを関節用ダンパーの作成を例に解説していきます。

### 関節用ダンパー作成

ダンパーは衝撃・振動を吸収する機構を持った部品で、別名ショックアブソーバーとも呼ばれます。主に自動車や電車のパーツに使われていますが、SFロボットのデザインのディテールなどにも昔から使われています。
今回のモデルでも各関節部分に配置するため作成します。

**Step 01** まず、ベースメッシュを作成します。
この時点で各パーツのバランスを取り、ダンパーの稼動・伸縮部分も考えます。
基本的な構造は両端に接続・稼動部品があり、それを結ぶように上下に伸縮部品が配置されています。端の部品は縦回転、横回転できるよう、オブジェクトの軸に気をつけて二重の構成にしておくと本体にダンパーを配置しやすくなります。

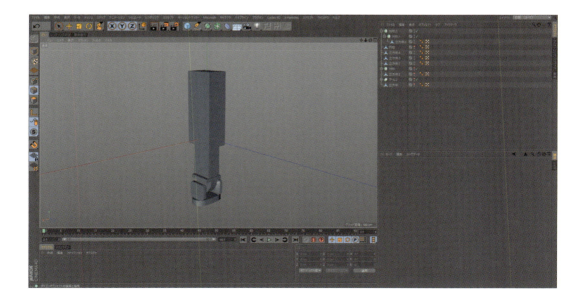

| Step 02 | エッジを選択して右クリックし、**ベベル**で各エッジの面取りを行います。
ベベルの設定はオフセット値が大きめに設定してあるほど、分割数を増やします。
そのオブジェクトがどの程度のサイズ・カメラのアップで使われるかも分割数を決める際に重要です。 |

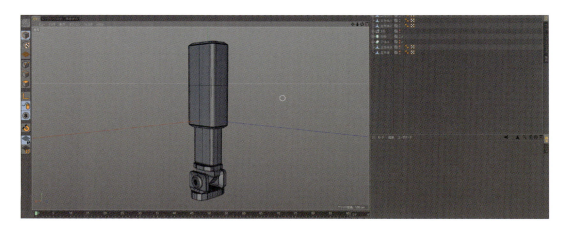

| Step 03 | 各パーツのエッジの面取りが終わったら、ブーリアンでのディテールの追加作業に進みます。 |

このダンパーパーツでは中央上部のパーツのみをブーリアンするので一旦、他のパーツは表示をOFFにします。

でははじめに、ブーリアンする側のオブジェクトをモデリングしていきます。

このダンパーには、ネジ用の穴と正面に斜めの窪みのディテール、さらに伸縮用のパーツ穴を加えたいので、十二角形程度の円柱オブジェクトと両端を曲面にベベルした直方体、四隅エッジを曲面にベベルした直方体を作成します。

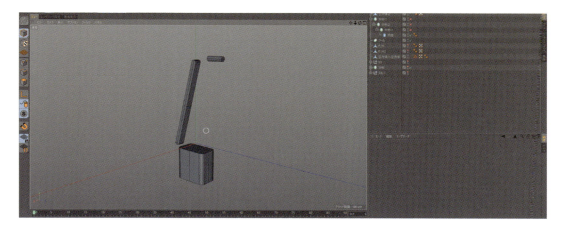

| Step 04 | ブールオブジェクトを作成し、ブーリアンされる側のオブジェクトと先ほど作成したブーリアンする側のオブジェクト（複数なので一つのヌルオブジェクトにまとめる）を子にします。
設定は**ブールオブジェクト＞オブジェクト**ですべてのチェック項目をONにします。|

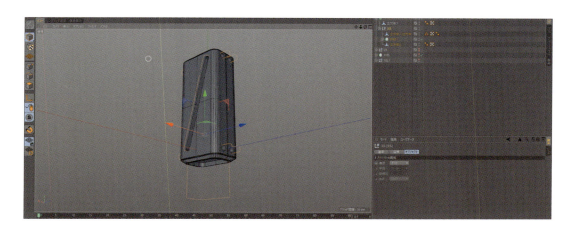

| Step 05 | ここでブールオブジェクトの設定の注意を一つあげます。**ブールオブジェクト＞オブジェクト＞重なったポイントを結合**の数値を変更する場合は、オブジェクトのエッジとポイントの間隔に注意する必要があります。
特に今回のように**サイズの小さいオブジェクト**、かつベベルですでに狭い間隔のエッジを加えていると、下の図のように設定値を満たして予期しないポイントが結合してまう箇所が出てきてしまいます。その結果、気づかぬうちにオブジェクト化が済み、泣く泣く細々とした修正をする羽目に…といった事態になりかねないので、オブジェクト化前に必ず値とオブジェクト全体のチェックをしましょう。|

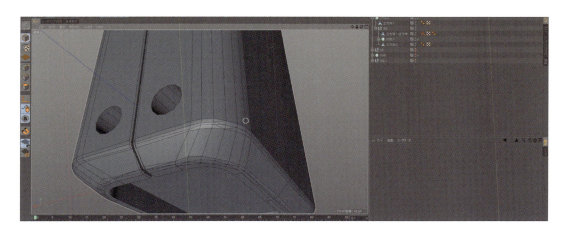

Chapter02：Shun Endo

| Step 06 | ブールに問題がなければ、ベベルエフェクトの親になっているオブジェクトを選択して**現在の状態をオブジェクト化**を適用でオブジェクト化して、ポリゴンペンで余計なポイントやエッジを修正します。
修正後に、ブールした箇所のエッジにベベルをかける面取り作業をします。|

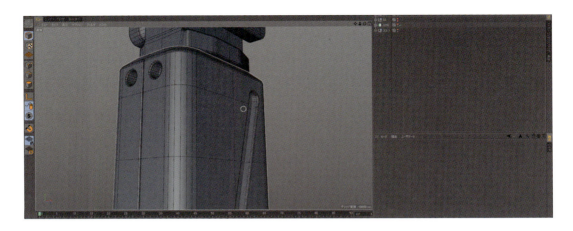

| Step 07 | 他のパーツにもディテールを追加します。 |

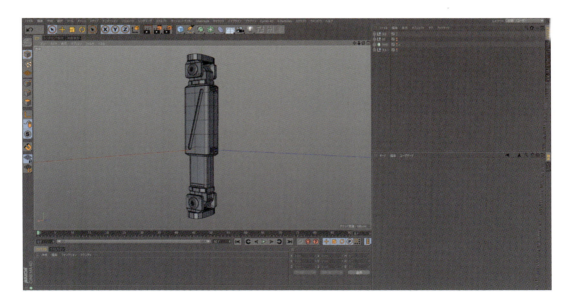

Step 08 | ダンパーは可動パーツなので、**L**キーで**軸を有効**にしてオブジェクトの可動軸の中心に移動するよう調整します。可動軸を正しい位置に設定していないと本体に配置するのに苦慮することになりますのでしっかりやります。

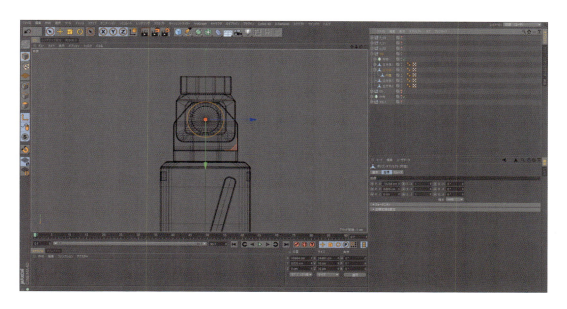

Step 09 | 以上でダンパーの完成です**(Sample Data：Ch02_08)**。
ついでにダンパーを4種類ほど作成しておきます。4つとも複製して使い回すので、配置する前にUVは展開しておきます。
ダンパー以外でもネジやボルトなど使い回すオブジェクトはあらかじめUVを展開するか、オリジナルの変更が適用される**インスタンスオブジェクト**で配置し、あとでオリジナルをUV展開する方法を取ります。

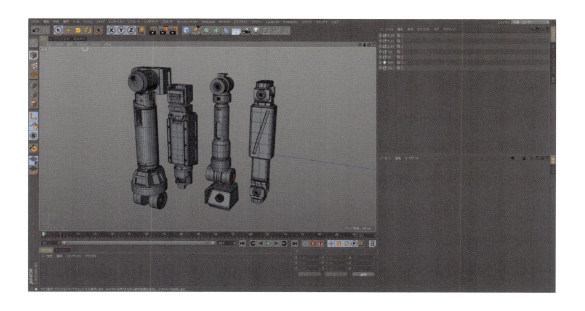

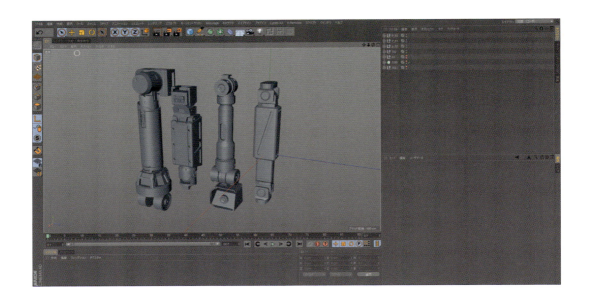

## ブールタイプAとBを合体

**円形ディテールの追加**の際に少しだけ触れましたが、ブールには、**ブールオブジェクト＞オブジェクト＞ブールタイプ**に**AとBを合体**という名前通りの機能がありました。
ただオブジェクト同士を合体させるだけではなく**AとBを合体**のブールを**AからBを引く**のブールの子にすることで、引き算と足し算を同時にしながらディテールを素早く作っていけるので大変便利です。
その作例を手の甲のパーツで説明します。

| Step 01 | ベースとなるモデルを作成し、ブールの子にしておきます。 |

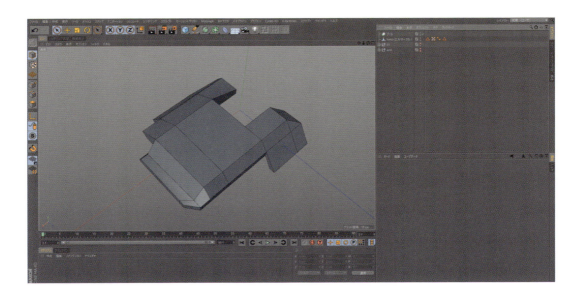

| Step 02 | 階層構造は上の図のようになっており、追加オブジェクトは**AとBを合体**の子になっている**+B**のヌルへ、差し引くためのオブジェクトは**AからBを引く**の**-B**のヌルの子にします。さらにブールオブジェクトの階層を足すことも可能です。 |

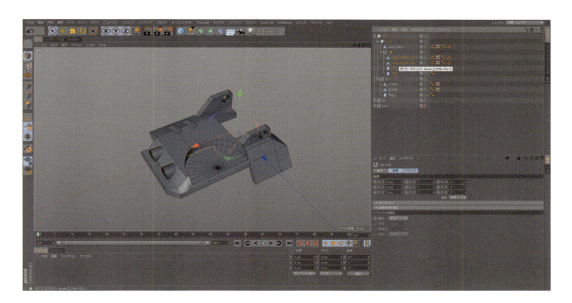

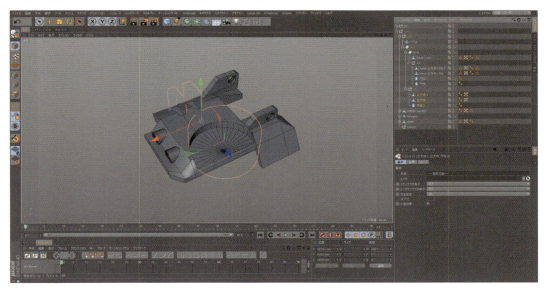

| Step 03 | 一通りオブジェクトの追加と差し引きのブーリアン作業が完了したら、階層の一番上のブールオブジェクトを選択します。次にベベルエフェクトの親になっているオブジェクトを選択して、**現在の状態をオブジェクト化**を適用でまとめてオブジェクト化します。 |

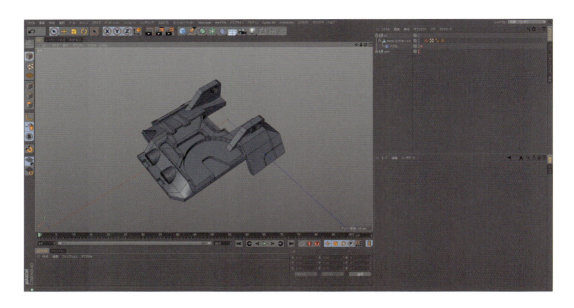

| Step 04 | このオブジェクトには**ベベルデフォーマ**を使用してベベルを一括適用しますので、オブジェクト化したらベベルエッジを追加するのに余計なポイントやエッジを処理します。 |

ベベルデフォーマは、適用される各エッジに均等なオフセット値と分割数でベベルがかかります。もし大きな曲面のベベルも適用したい場合はあらかじめ作成しておくか、別のベベルデフォーマで指定のエッジを**選択範囲**で別設定にしておくと良いでしょう。
上手くベベルがかかるようになると下の図のようになります。

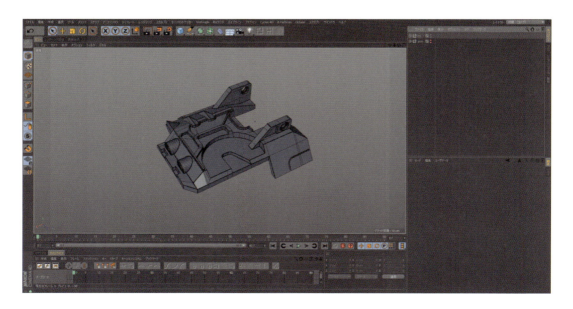

| Step 05 | 調整は**ベベルデフォーマ**を切り替えつつデフォーマ設定とオブジェクトの修正を詰めていく必要があります。
下図は手の甲オブジェクトのベベルデフォーマ設定になります。

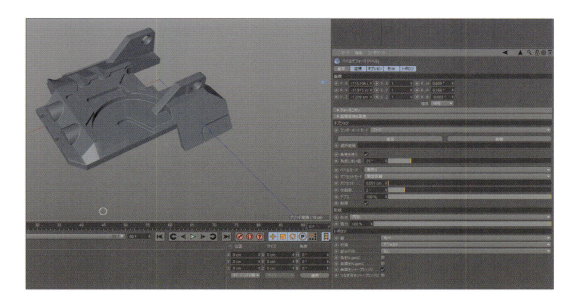

| Step 06 | 最後にベベルエフェクトの親になっているオブジェクトを選択して、**現在の状態をオブジェクト化**を適用でオブジェクト化してモデリング終了です**(Sample Data：Ch02_09)**。

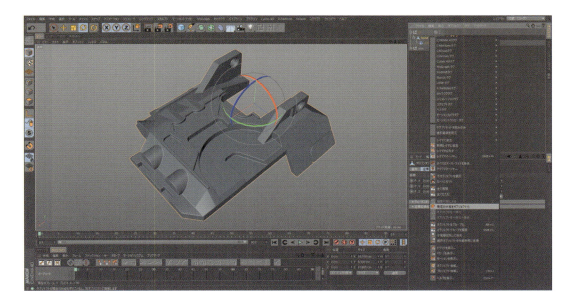

## 2-2-7 各パーツのモデリング

ここでは作成するパーツの紹介と制作時のポイントをまとめました。今までの手順を踏まえて、順次各パーツを作成してみましょう。細かい形状などは、付属のサンプルデータを参考にしてみてください。今回のロボットのように最終的なパーツ数が多くなるモデリングは、ショートカットやUIのカスタマイズなどによる効率化と黙々と作業する根気が必要になってきます。

### 首パーツ

頭部パーツと首回りの装甲パーツとのバランスを見ながら首の形にベースメッシュを作成します。ベースメッシュを元にポリゴンペンでスナップしながら各首パーツのベースになるポリゴンを作成します。

ただ単に、ベースメッシュの周りに凸凹したオブジェクトを追加するのではなく、より立体的に折り重なるように作成します。

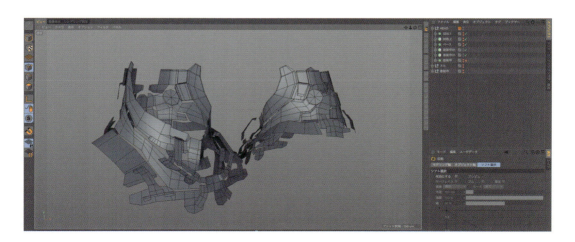

押し出しツールで厚みをつけた後、パーツ同士の位置関係を調整してバランスを整えます。
**SDSモデル**なので、エッジを立たせつつディテールを加え、頭部パーツとのバランスを確認して、再度各パーツの位置調整をします(Sample Data：Ch02_10)。

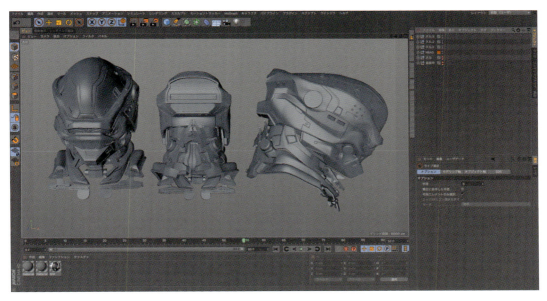

## 首回りの装甲

首周りの装甲は、ベースメッシュにブールで窪みや穴を追加するだけでなく別オブジェクトを配置したものを使いリトポロジーします。
左右対象の造形ですので左右対称オブジェクトの子にしておきます。

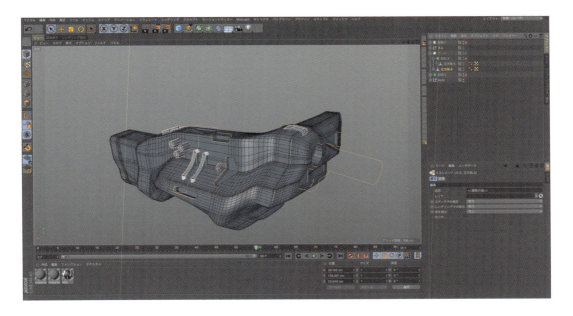

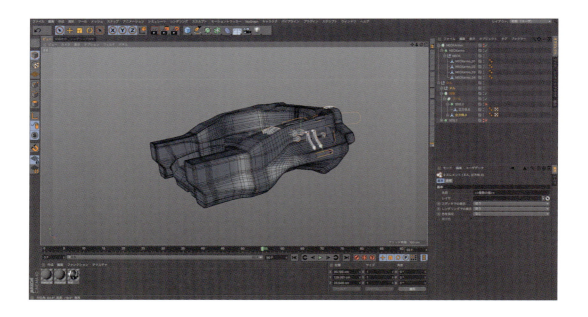

リトポロジーの途中、パーツの分割ラインなどを作成してディテールを高めています。

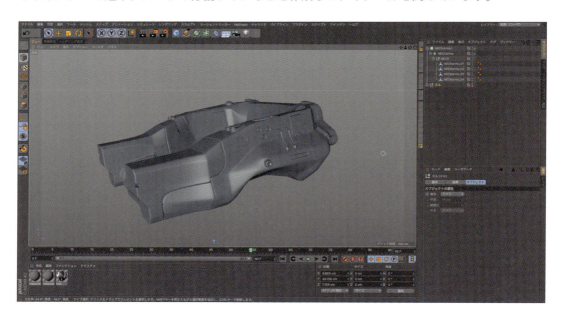

先に作成した頭部・首パーツがはみ出さずに中央にハマるかサイズ調整をしておきます。最後にSDSの子にして完成です(Sample Data：Ch02_11)。

## 背面装甲

背面装甲は有機的なラインを含んだ三次曲面で作成したいので、SDSモデリング作業で進めます。ロボット全体のベースメッシュに合うように**コンテンツブラウザ**>**Prime**>**3D Objects**>**Humans**から男性のモデルを読み込んで配置し背面モデリングのベースオブジェクトにします。最初に作成したベースモデルを**マグネットツール**、**ポリゴンペン**、**スカルプトモード**の**つまむ**ツールで男性モデルに合わせて変形させるか、削除してポリゴンペンで新規にモデリングします。

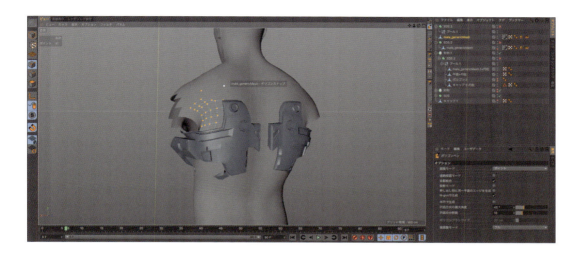

男性モデルの方に気を取られず、こまめに全体のベースオブジェクトとのバランスをとりつつ進めます(Sample Data：Ch02_12)。

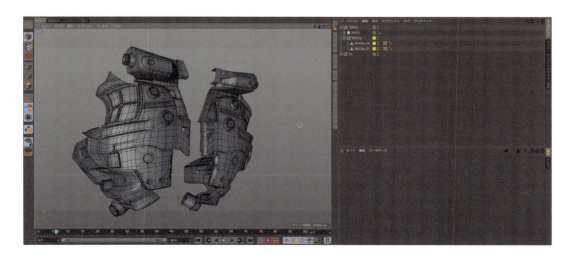

中央部は次に別オブジェクトを作成するので現状そのままで大丈夫です。

## 背骨

SDSは使用せずポリゴンモデリングで進めます。

**Step 01** まず、首周りから背中上部にかけてのオブジェクトを作成します。
首から繋がる背骨の基幹部分です。目立つ部分ですのでディテールをしっかり作り込みます。接続部分は先ほど作成した背面装甲の凹凸に合うようにモデリングします。

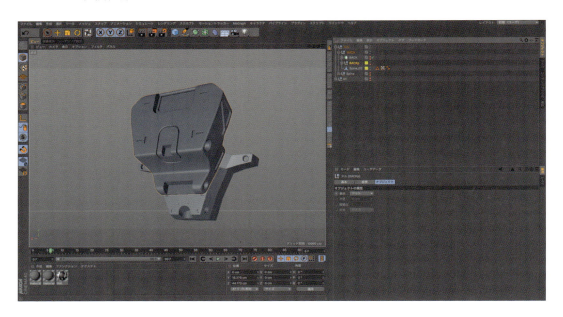

**Step 02** 全体的なバランスを見るために、時折背面装甲を表示させつつモデリングします。このときオブジェクト同士の噛み合わせも調整して完成させます。

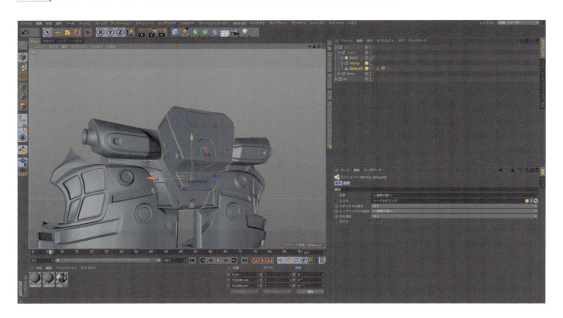

Step 03　背中の上部パーツを起点にクローナーで並べて配置するので、節パーツと節を結ぶ接続パーツの2つをモデリングしていきます。
　まずは、節パーツの大まかな形のベースモデルを作成します。この段階で、クローナーで並べた時にしっかりかみ合うように調整しましょう。

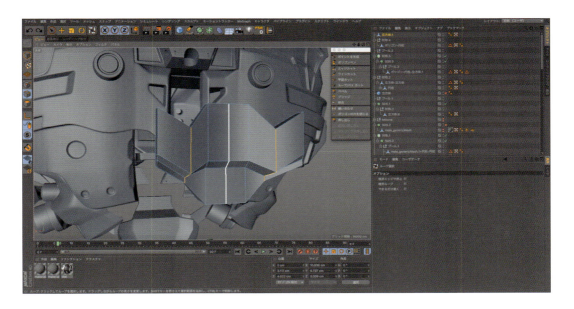

Step 04　細かいディテールを追加する前にベベルツールで大きめの曲面を作成しておきます。

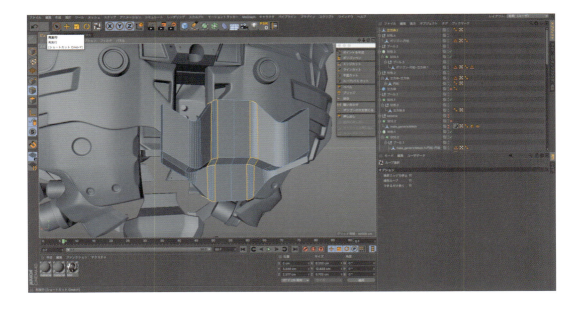

| Step 05 | ブーリアンで細かいディテールを追加します。 |

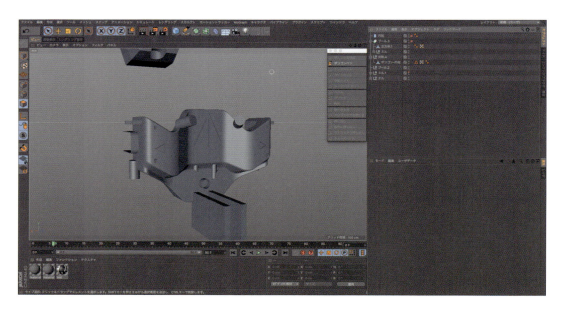

| Step 06 | エッジにベベルを追加して面取りし、節パーツの本体は完成です。 |

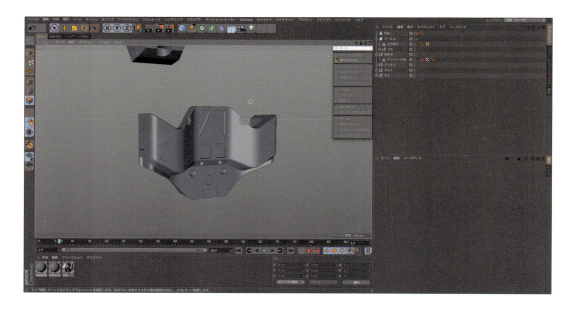

| Step 07 | 背骨本体とかみ合うように接続パーツも作成します。
これで、節本体と接続パーツは完成です**(Sample Data：Ch02_13)**。|

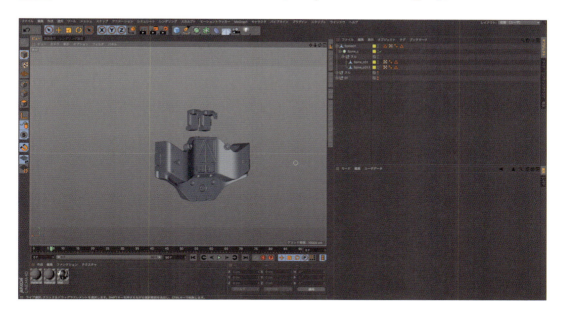

| Step 08 | 完成した2つのパーツを背骨パーツの本体に対して配置していきます。
構成は、背骨パーツと接続パーツの2つを**クローナーオブジェクト**にスプラインを適用して並べます。背骨の流れはスプラインのポイントを編集して変更します**(Sample Data：Ch02_14)**。|

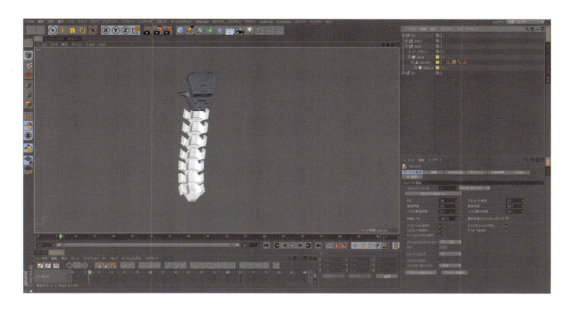

## 胸部装甲

胸部は外部からの衝撃を吸収できるよう多重構造になっています。内訳は本体胸部装甲と両肩関節部、前面追加装甲、腹部ショックアクソーバーのパーツで構成されています。

本体胸部装甲は先ほど作成した背面装甲と同じように人体の胸部に沿った曲面に工業製品を連想させるようなディテールを追加したパーツになっています。

ベースオブジェクトを元にSDSモデリングでディテールを追加しますが、前面装甲の隙間からしか見えないため、なるべく大きめのはっきりした視認しやすいディテールを追加します。

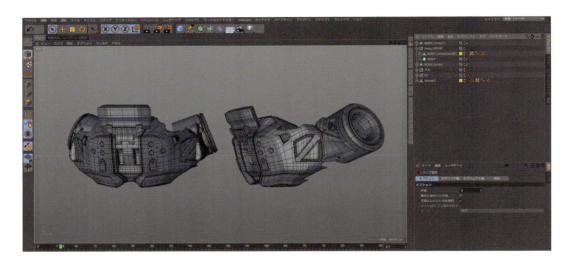

下図のパーツは機関部であるボディ本体にかかるショックを分散させるためのパーツです。
このオブジェクトも曲面を多用するためSDSを適用します。

胸部から鳩尾までカバーする前面追加装甲は、ポリゴンモデリングでの角ばったより工業製品らしい造形です。
今までのオブジェクトと趣を変えた理由は、オプション品を後付けしたアンバランス感と、鳩胸ぎみにすることで威圧感を増したかったためです**(Sample Data：Ch02_15)**。

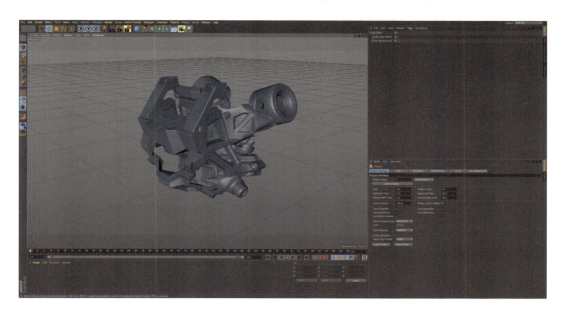

## 腰回り

胴体から腰までの接続パーツは、バリバリの工業製品の稼動部品感を出したかったので、カクカクした造形をポリゴンモデリングで作成します。あとの工程で、腰回りにはダンパーが配置されて情報が大分うるさくなるので、シンプルな造形にとどめておきます。

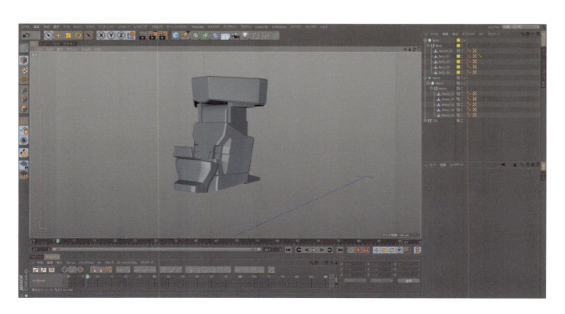

股関節部分はSDSモデリングで曲面が多用されていますが、比較的鋭角なエッジが多く、エッジの面取りは丁寧に行います。

基本は股間部分と尻部分以外は脚部パーツで視認できないため、ディテールの追加はほどほどにします(Sample Data：Ch02_16)。

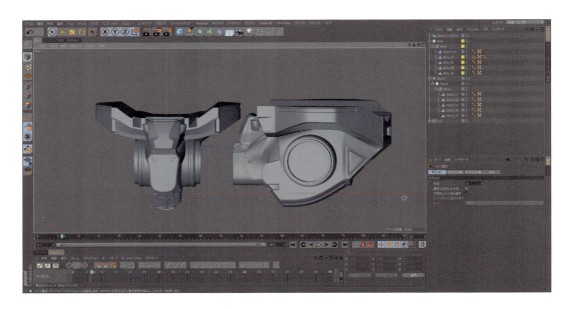

## 腕

腕パーツは、肩から二の腕までは男性モデルの有機的な曲線を元に工業製品的なディテールをSDSモデリングで追加します。

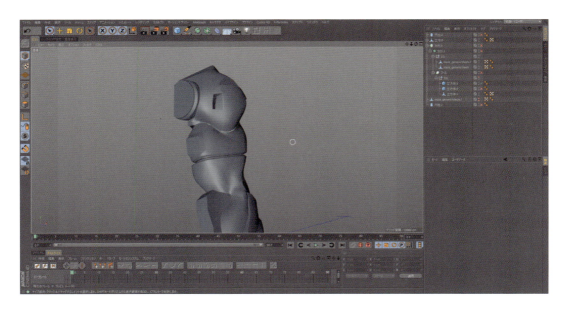

二の腕パーツのSDSモデリングが完了したら、ポリゴンモデリングで肩部ダンパー接続パーツと肘関節パーツをモデリングします。

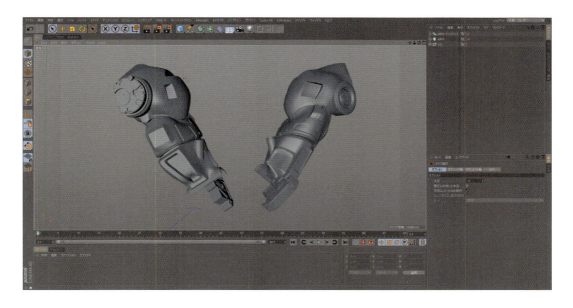

続けて、前腕部をモデリングします。
前腕部はベースモデルにブーリアンでディテールを追加し、SDS用にリトポロジーで仕上げます。

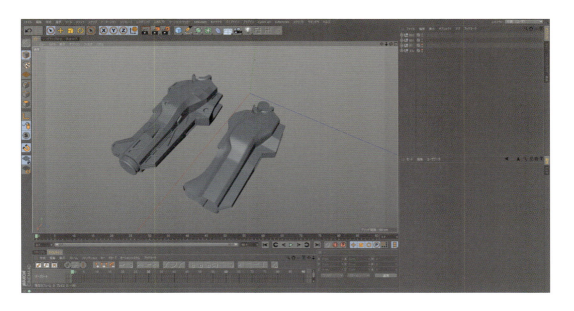

最後に、ポリゴンモデリングで肘と手首部分の可動パーツを作成します(Sample Data：
Ch02_17)。

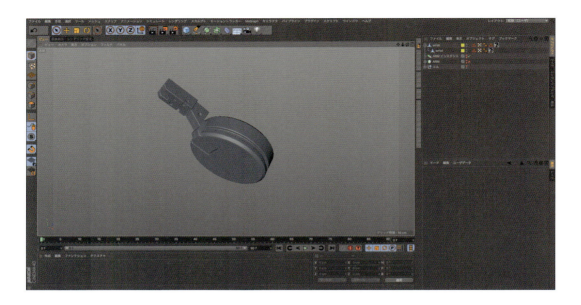

## 手

手オブジェクトの構成は、手首の可動部品、手の甲、手のひら、各指パーツになっています。**ブールタイプAとBを合体**で紹介した手の甲はすでにモデリング済みなので、これを起点に他パーツを作成ます。

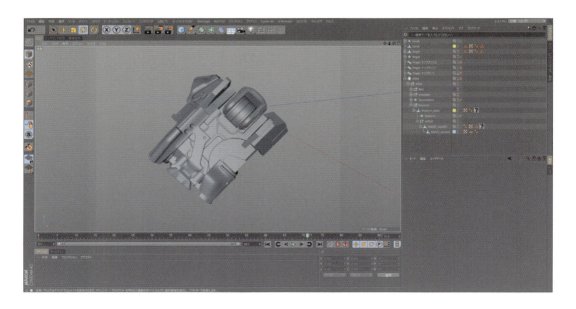

指パーツは、1関節分をモデリングしたら、コピペ後に再調整して指一本部と親指を作成します。

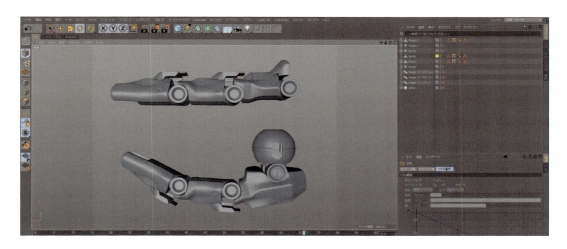

作成した各パーツを組み上げて、可動部分の軸の中心がズレていないか確認して完了です**(Sample Data：Ch02_18)**。

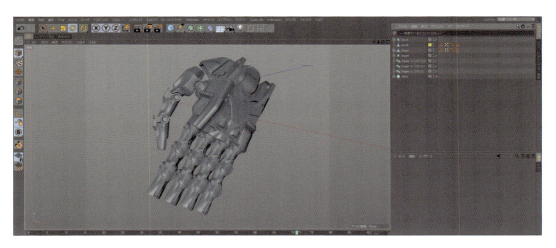

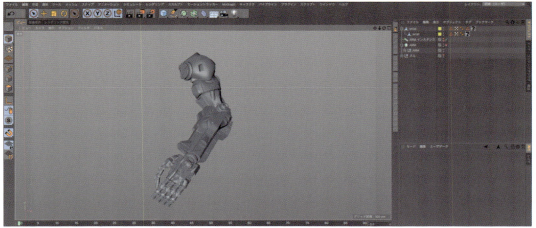

## 脚部

脚部のバランスは、股から膝よりも膝から下までの比率が長い方が良いと言われています。
今回はそれにならって太腿パーツは短めに、膝から下のパーツは長めにモデリングしてみます。
脚部ベースメッシュにディテールを追加していきます。

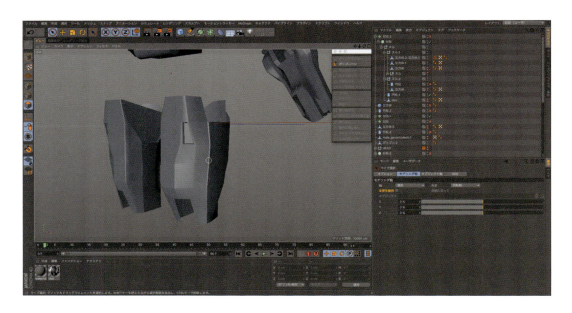

| Step 01 | 全体のバランスに注意しながらベースメッシュをモデリングします。 |

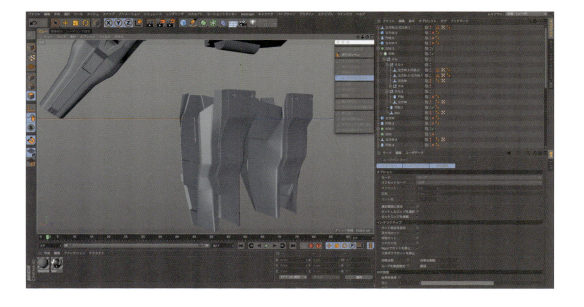

| Step 02 | ベースメッシュをSDSの子にして、エッジを追加してメリハリとディテールをつけていきます。 |

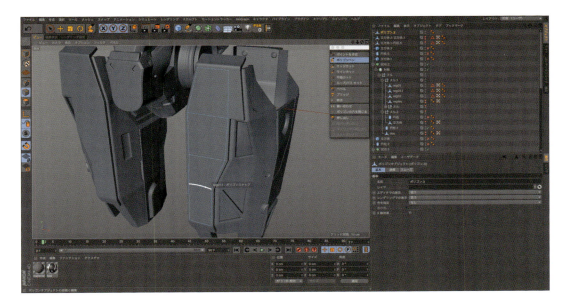

| Step 03 | 全体が整ったら、前面に追加パーツを作成するので、まずベースを作成します。形状が決まったら、ベースを細分化した後に押し出して厚みを付けます。さらにディテールとエッジの面取りをして追加パーツ完成です。 |

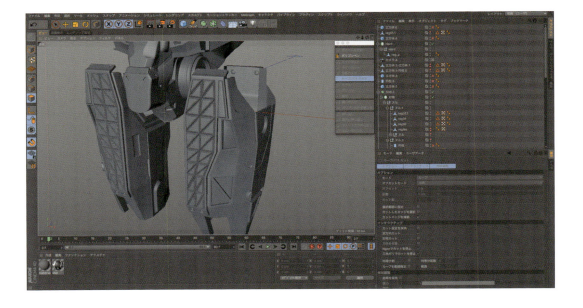

| Step 04 | 側面が少し物足りないので、取り外しができる設定のパーツを新規に作成します。 |

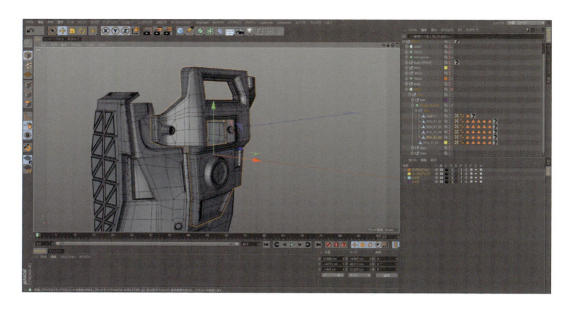

| Step 05 | 関節の可動パーツを作成します。太腿パーツであまり見えませんが、少し編集して肩関節用にも使い回すので、ディティールは最低限作り込んでおきます。 |

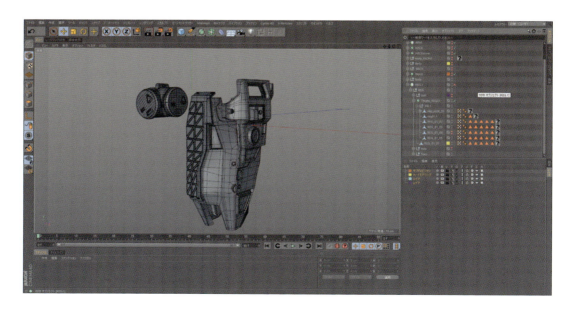

太腿パーツが完成したので、膝から下のパーツ作成に移ります。

| Step 06 | ひざ下、脹脛パーツは長めに再調整した後、ベースメッシュをさらに細分化し、個々のオブジェクトとしてモデリングします。 |

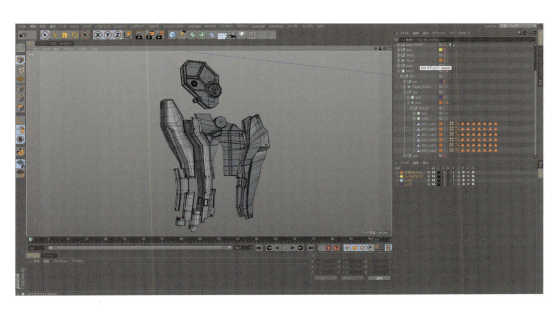

| Step 07 | 単調な形状にならないよに注意しながらベースメッシュをナイフツールで細分化していきます。
細分化パーツごとに別オブジェクトにして、押し出しツールで厚みをつけます。 |

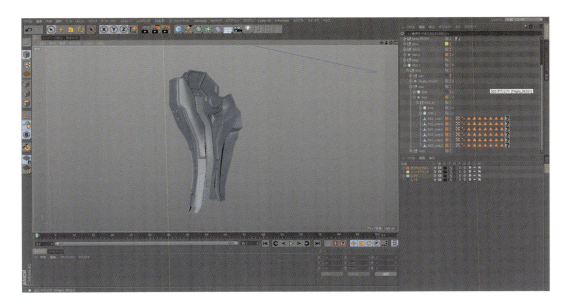

| Step 08 | 関節になる足首、膝パーツ付近の可動性を確保しつつ、各パーツの噛み合わせに注意しながら、再度形状を調整します。
エッジを追加してメリハリを与えながら細かいディテールを加えていきます。
太腿パーツと合わせて全体のバランスを調整します。 |

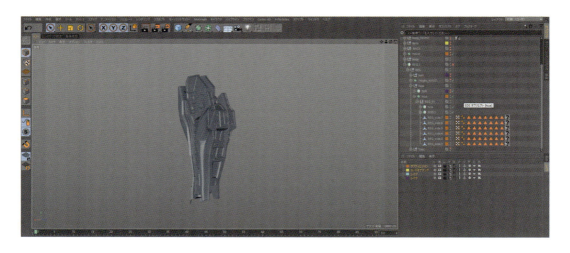

| Step 09 | 足首パーツは、カバーの付いていない機械部品むき出しのパーツと地面に食い込むかぎ爪をイメージしながらモデリングします。 |

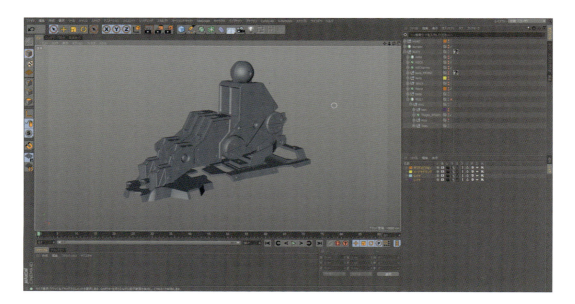

| Step 10 | 脚部パーツを組み上げ、比率とサイズ、可動部分の軸を調整します(Sample Ch02_19)。

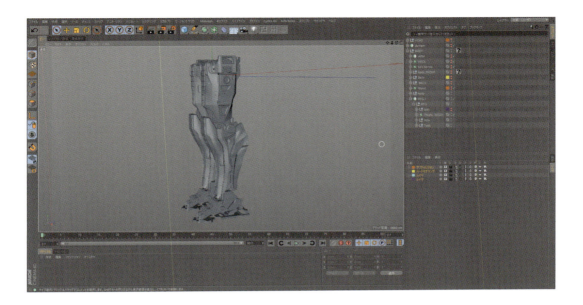

## 関節装甲

肩関節と股関節を覆うような倉庫を作成します。オブジェクト自体が大きく、曲面を大小使用する予定のオブジェクトなのでSDSでモデリングします。肩、股間どちらとも同じパーツを使用します。

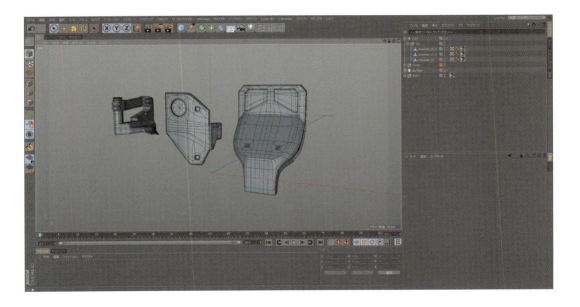

関節に干渉しすぎない箇所に配置します(Sample Data：Ch02_20)。

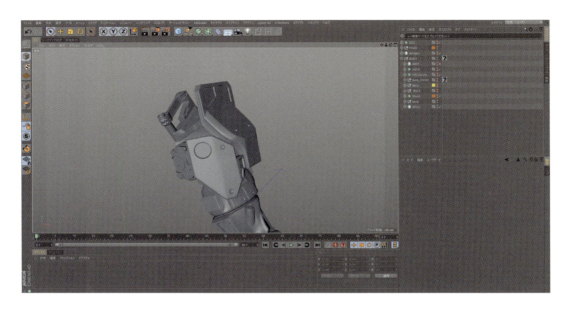

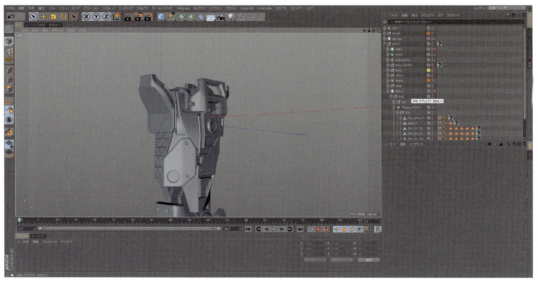

## 全体のバランス

ほぼ一通りのパーツオブジェクトのモデリングができたので、すべて配置して全体のバランスを確認します。

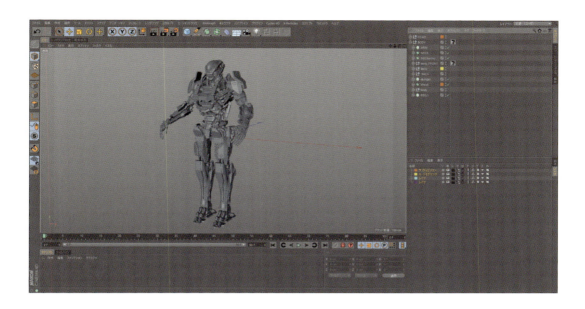

サイズや配置位置を修正したら、メインオブジェクトのモデリングは完了です。

### ダンパー配置

メインオブジェクトが完成し、各部品の配置が確定したので、ダンパーを配置していきます。配置ですが、接続部分に対して1つ1つのダンパーを調整しながらになります。そのため、UV展開は配置前には済ませておきます(UV展開についてはp.167のUVの項目で解説)。
ダンパーの配置箇所は基本関節周りを起点にパーツとパーツを繋げるように配置します。

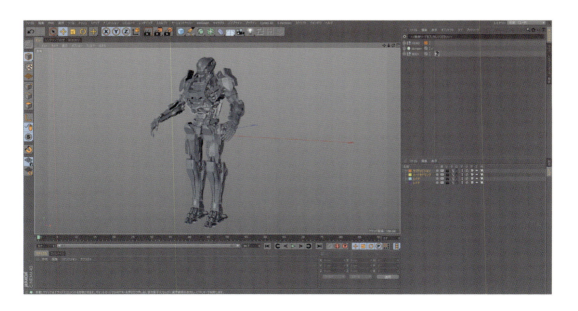

後で編集しやすいよう**レイヤーマネージャ**でダンパーグループを作成したり、検索用に命名を統一しておきます**(Sample Data：Ch02_21)**。

### ボルト、ナットの配置

今まで作成してきた各パーツにボルトやナットを配置します。こういったさらに細かいディテールを追加することで、機械製品としての存在感が増す効果があります。

何種類かのボルトを準備します。こういったモデルは他のプロジェクトに使いまわすことで作業の効率化を図ることができるので、空いた時間などでモデリングしておくと便利です。

ボルトを用意できたら配置する前にまずオリジナルモデル、配置用のインスタンスモデルの管理用ヌルを作成します。
オリジナルモデルをオリジナル用のヌルの子にし、オリジナルオブジェクトからインスタンスオブジェクトを使用してリンクされたオブジェクトを複製します。
続けて、この複製したオブジェクトをインスタンス用のヌルの子にした後、配置していきます。
インスタンスオブジェクトは、少ないメモリで複製でき、つねにオリジナルの状態を反映するので、今回のように大量にオブジェクトを配置した後に修正があった場合管理がしやすくなります。

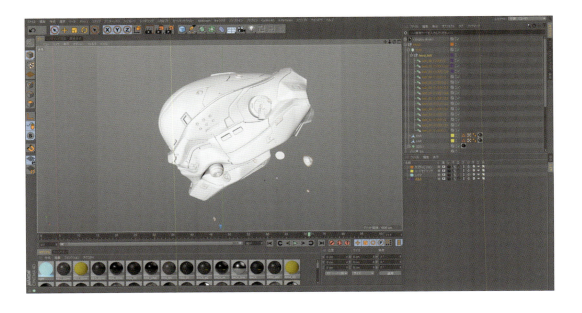

Chapter02 : Shun Endo　165

ボルトの配置は細いオブジェクトを大量に配置しますので、後々修正があった場合を考えて作業する必要があります。

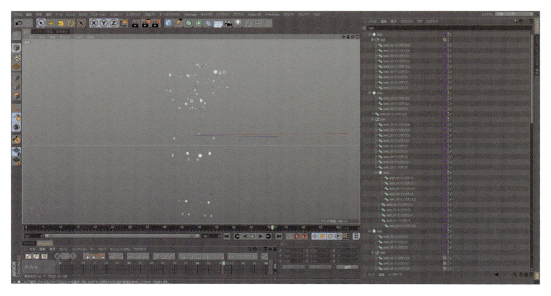

## 完成

モデリングのすべての工程が完了しました。
すべての部品を配置し、バランスを調整したらUV作業に移ります **(Sample Data：Ch02_22)**。

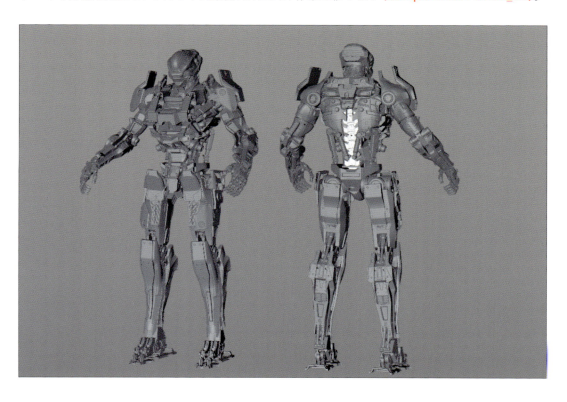

# Chapter 2-3 UV

モデリング作業の次はUV作業に取り掛かります。正直あまり好きな人はいない地味な作業ですが、今回のように複雑な形状にテクスチャを適用したい場合、立方体投影などは使えませんので必要な作業になります。

UV展開は、小学生の時算数で学んだ展開図を思い浮かべてもらえばわかりやすいでしょう。算数の展開図のようにすべての図(UV)がつながっている必要はありませんが、配置されたUVが歪みなく均等のスケールで配置されている必要はあります。

## 2-3-1 UVの展開

### 頭部側面のUV展開

UVの展開方法自体はどのパーツも基本的に同じ流れなので、ここでは頭部側面パーツの1つをUV展開の作例として説明していきます。

**Step 01** 作業を始めるにあたって、まずはレイアウトを**BP-UV Edit**に変更します。
右にUV用のビュー、右下にUVマネージャが表示されます。
UVチェック用のテクスチャを反映させたマテリアルを準備しておきましょう。

| Step 02 | エッジモードに切り替えます。
UV展開するのにどこを切れ目にして開くのかをエッジで指定する必要があります。
このエッジのことを**UV境界**といいます。
UV境界はテクスチャの切れ目になるわけですから、処理に失敗するとあからさまにテクスチャが途切れてたりSDS適用時の歪みになってしまいます。
UV境界のエッジは、側面や陰になっている目立たない箇所かつ、**SDS適用時に歪みが出にくい**部分をなるべく選びます。

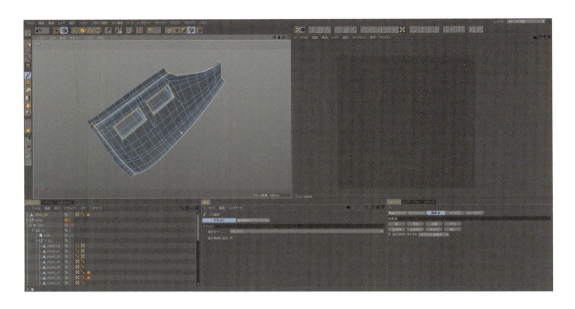

| Step 03 | エッジを選択しました。
SDSを適用した際に、エッジ境界線は引き伸ばされテクスチャは歪んでしまいます。このとき**SDS＞オブジェクト＞UV座標の扱い**で**境界エッジ**を選択すれば軽減されますが、境界エッジなどの選択箇所（曲面、角）によっては、軽減しきれない場合があります。

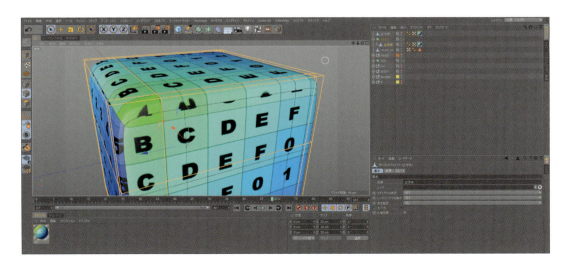

下の図を見てもらえればわかると思いますが、選択したエッジは両端のすぐ近くをエッジで挟まれています。

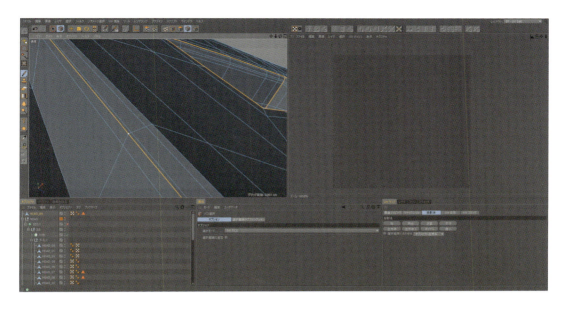

**Step 04**　さっそく展開していきたいところですが、空のオブジェクトやポリゴンペンから生成されたオブジェクトには、**UVタグ**が生成されておらず、UV座標が存在しないのでUV作業ができません。

すでにマテリアルが適用されているならば、対象オブジェクトのマテリアルタグを選択し、**オブジェクトマネージャ＞タグ＞UVW座標を生成**でタグを付けます。このタグ付けは、マテリアルの投影法を元に生成するので一旦マテリアルを適用させなければいけません。

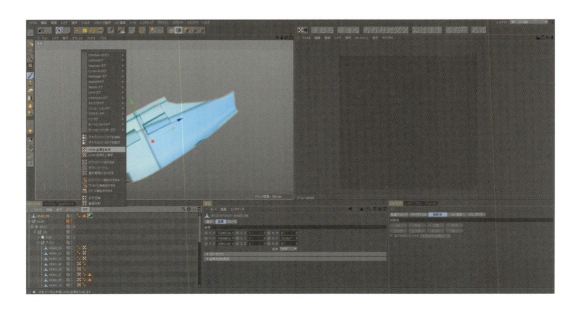

マテリアルがない状態では、対象オブジェクトを選択し、**オブジェクトマネージャ＞タグ＞UVWタグ＞投影から設定**でタグが付けられます。

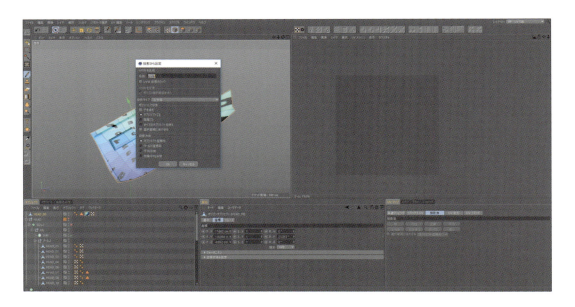

| Step 05 | **UVマネージャ**の投影法の**正面**でUVを正面でとらえます。 |

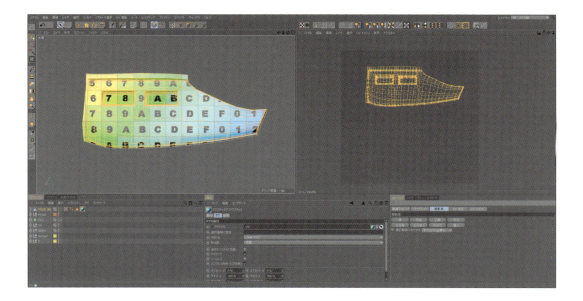

| Step 06 | リラックスUVに切り替え、**選択したエッジで分離**のチェックがONになっているか確認した後、適用ボタンを押してリラックスさせます。 |

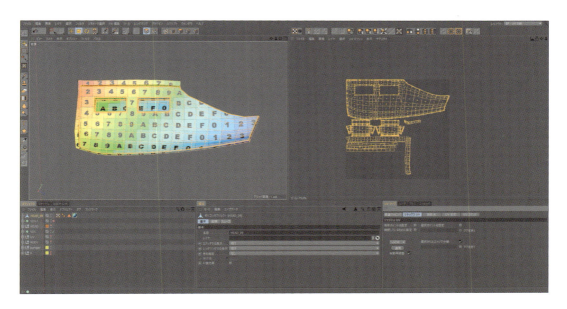

| Step 07 | いくつかのUVに別れました。<br>最適マッピングの**再整列**で**サイズを均一**のみチェックをONにしサイズを調整します。<br>UVポイントモードに切り替え、いくつかに別れたUVをできるだけUVコマンドの**UVテラス**で結合します。 |

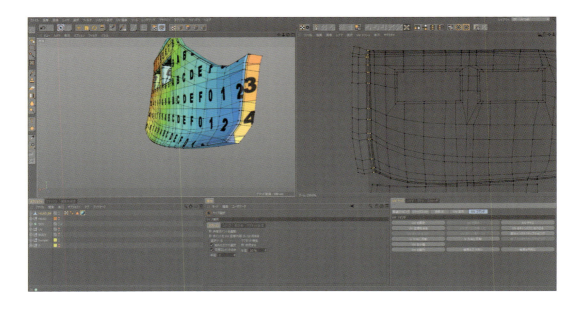

SDSを適用してみましょう。そのままでは歪んでしまうので、**境界**か**エッジ**に切り替えます。**UVチェッカー**で確認しつつ、歪みを調整したら、**サイズを均一**をもう一度行い、UV作業を完了します**(Sample Data：Ch02_23)**。

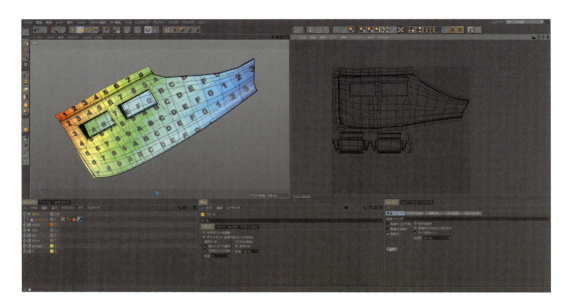

> **Tips** | 左右対称
>
> 左右対称オブジェクトのUV作業は、片方を展開した後に左右対称オブジェクトの子にした後、**C**キーでオブジェクト化します。そして最適マッピングで**再整列**した後、もう片方だけのUVだけを選択して**U方向に反転**します。

## 2-3-2 UVをまとめる

今回のモデルのようにオブジェクトが大量にあるプロジェクトは、テクスチャ作業のために要素ごとにUVをまとめる必要があります。

UVをまとめる要素は、基本的にはマテリアルの質感、次にオブジェクトの部位ごとで分けることが多いです**(Sample Data：Ch02_24)**。

今回は、ゴリゴリテクスチャは描かずに、デカール(マークや文字)要素のテクスチャを用意すだるけなので、頭部パーツなど部位ごとにまとめていきます。

### 複数オブジェクトのUV情報を一括でまとめる方法

まず、部位ごとにヌルオブジェクトに分けて整理しておきます。レイアウトは**BP-UV Edit**のままで構いません。

**Step 01** 上部パレットにある**ペイントセットアップウィザード**を選択します。

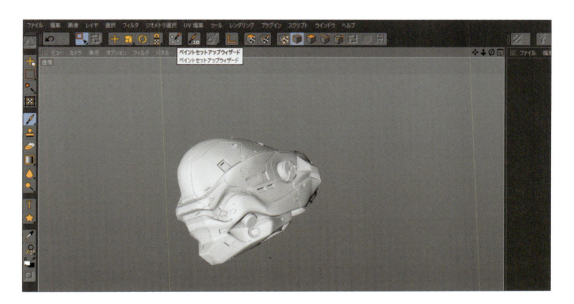

**Step 02** セットアップウィザードの**オブジェクト**を選択するとプロジェクト内にあるすべてのオブジェクト一覧が表示されるので、一覧からUVをまとめたいオブジェクトを選択します。

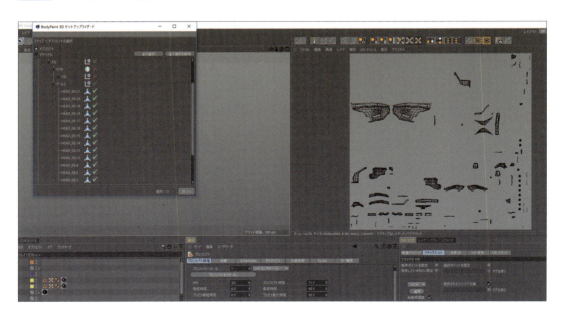

Chapter02 : Shun Endo | 173

| Step 03 | 次に進み、UVを再計算の**再整列**のチェックをONにします。その下にある**リラクゼーション**の数値は個々のUVの詰め具合になります。

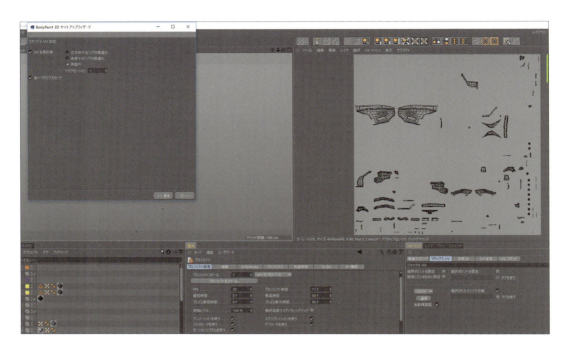

| Step 04 | マテリアルオプションに進みます。
今回は、カラーテクスチャのみを選択し、テクスチャサイズを4K〜8Kサイズで設定して終了ボタンを押して実行します。

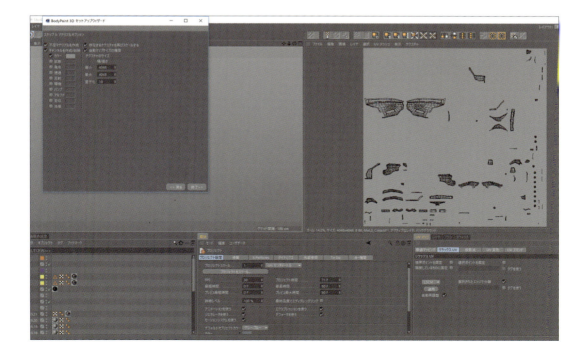

| Step 05 | これで、UVをまとめることができました。
デカール作業に使用したいので、一緒に生成したカラーテクスチャに各UV情報を書き込みます。UVポリゴンを選択した状態でUV編集画面＞**レイヤー＞ポリゴンを塗りつぶす エッジを描画**、**UVメッシュレイヤを作成**のいづれかを実行でUV配置図を作成します。 |

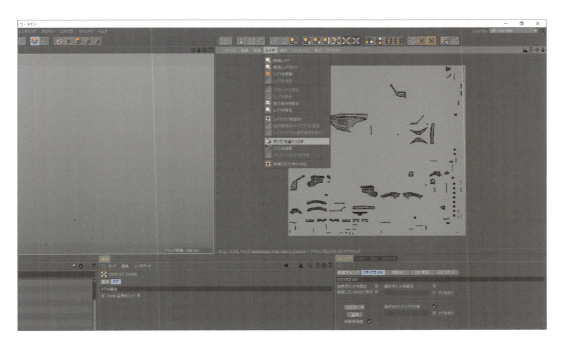

# Chapter 2-4 レンダリング

モデリングとUV作業が完了し、作業も大詰めになってきました。しかし、残るマテリアルとライティングのセッティング次第でモデルの見え方は全く変わってきます。
今回は、マテリアルもライティングもなるべく複雑にならないセッティングで、より良く見せられるように作成しました。

## 2-4-1 レンダリング準備

### レンダラ

今回のモデルはCINEMA4Dの標準レンダラではなく、**CINEMA 4D to Arnold**を使用してレンダリングを行います。
ArnoldRenderはCPUベースのレイ・パストレーシングのレンダラです。
映画などの大規模な制作現場で使用されてきたレンダラですが、設定やUIはシンプルに洗礼されており、絵作りがしやすい設計になっているので個人アーティストでも非常に使い回しが良いレンダラとなっています。
CPUの処理速度と物理コア数の増加に対し性能が直線的比例に上昇するので高性能のCPUの恩恵を得やすく、プレビューも高速です。個人で活用するには動画制作は少し難しいところがありますが、静止画制作に問題なく活用できます(C4DtoA2.0.2 2017年7月時点)。

### デカールテクスチャー

まずレンダリング環境整える前に、先ほど作ったUV配置図を頼りにデカール用テクスチャを作成しましょう **(Sample Data：Ch02_25)**。

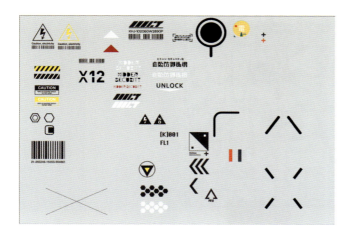

各デカールテクスチャ素材はAdobe Illustratorで作成したものをAdobe Photoshopで配置します。Photoshopで配置しつつ、CINEMA 4Dのプレビューで確認します。このとき、**マテリアル編集＞エディタ＞テクスチャプレビュサイズ**の値を2048以上にして確認しやすくしましょう。

テクスチャはカラーテクスチャとマスク用のグレースケールテクスチャを用意しました。

> **注意 | 本データに関して**
>
> 本データはマテリアルなどにArnoldを使用しています。
> 本データを開く際には、C4DtoA2.0.2以降のArnoldの製品版、体験版を使用して開いてください。

## 2-4-2 マテリアル

### 簡易的なライティング

マテリアル設定チェック用の簡易的なライティング設定をします。
**Quad Light**で3点照明(キーライト、フィルライト、バックライト)と**IBL Arnold skydome_light**にHDRI画像を設定しておきます。
**Arnold skydome_light**に似たような機能で、**Arnold sky**というものもあります。こちらもIBLとして使用できますが基本背景用になります。

### 主要なマテリアル

最初にスケッチを描く際、**基本色は黒系(黒、灰色、都市迷彩)で差し色として黄色を使用**と設定していました。その設定を元にいくつかマテリアルを作成します。

・メインマテリアル(黒・グレー・明るいグレー)
・都市迷彩色(グレー)
・カーボン
・メタリック(4種)
・関節シリコーンゴム(黄色)

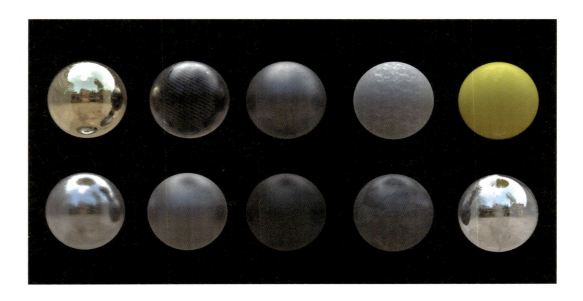

## マテリアル作成の流れ

マテリアル制作の流れを黒のメインマテリアルを例に解説します。。

| Step 01 | マテリアルマネージャ＞作成＞Arnold＞surface＞standard_surfaceでマテリアルを作成します。standard_surfaceはヘア以外のすべての材質の表現に使えるシェーダです。

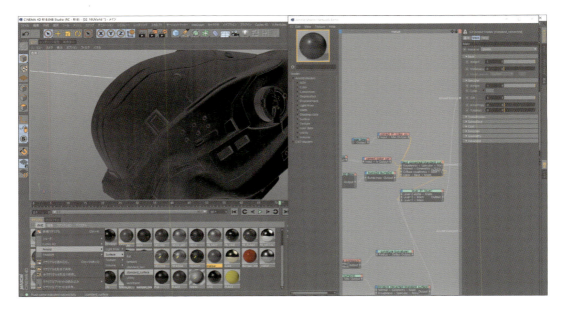

| Step 02 | マテリアル編集を開き**Open network editor**をクリックし、**Arnold Shader Network Editor**を開きます。Network Editor見てもらえばわかりますが、ArnoldのマテリアルはノードでW管理します。 |

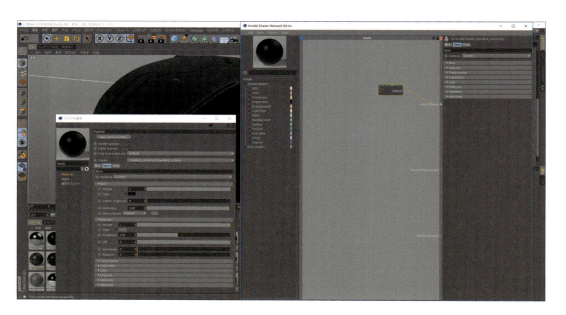

| Step 03 | **image**ポートを追加し、rughnessとbumpのテクスチャを読み込みます。rughness用テクスチャはstandard_surfaceに接続する前に**color_correct**という色補正用のポートを経由して接続します。
bumpテクスチャは**bump2d**ポートを経由して接続します。 |

| Step 04 | BaseとSpecularの設定を終わらせたら、次はデカールテクスチャの設定に移ります。新しく頭部用デカールのマテリアルを作成します。デカール用テクスチャ（カラーとグレースケールの2種）を読み込み、standard_surfaceでデカールマテリアルを設定した後、ドラッグ＆ドロップで先ほどのメインマテリアルを読み込みます。

**layer**ポートを作成し、Layer1にメインオブジェクトをLayer2にカラーテクスチャ、Layer2 alphaにグレースケールテクスチャを接続します。

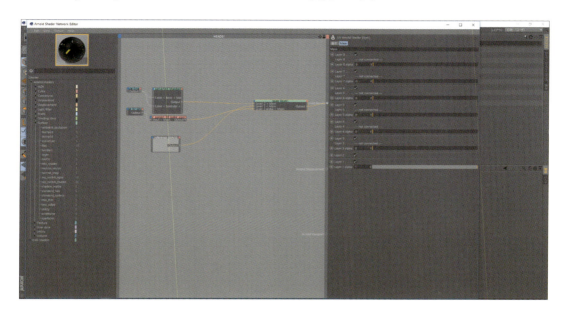

一度反映させてIPR Windowで確認してみます。

Step 05　マテリアルにもう1つディテールを加えてみましょう。
**CURVATURE**(曲率)シェーダを使用してエッジ部分に擦れたような効果を加えたいと思います。
**CURVATURE**ポート作成し、そこに**noise**ポートを接続します。そこで一旦**CURVATURE**ポートを**Arnold Beaty**に接続します。
反映された結果をIPR Windowで確認しながら最適な処理になるまで試行錯誤します。

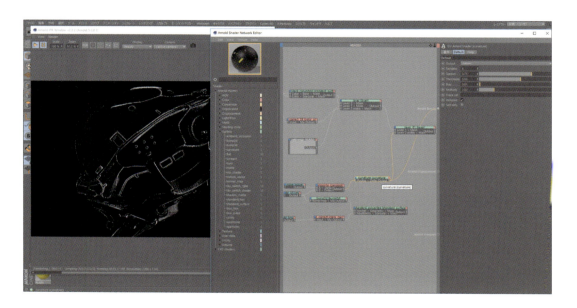

Step 06　CURVATUREの設定ができたら、下地用のマテリアルとCURVATUREをマスクとして使うためのlayerポート作成します。
メインのマテリアルをLayer1に、下地用マテリアルをLayer2に、CURVATUREをLayer2 alphaに接続します。

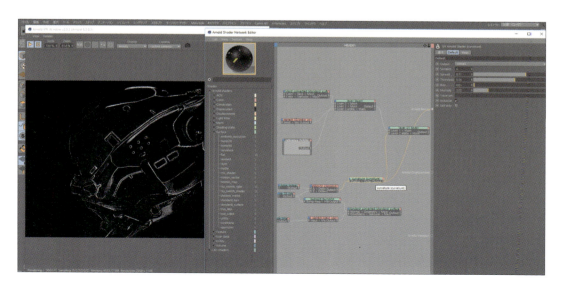

一度レンダリングして確認します。シンプルですが頭部用のメインマテリアルはこれで完成です。同じ流れの作業を行い各部位のマテリアルを作成してみてください(Sample Data：Ch02_26)。

### 2-4-3 ライティング

**Step 01** ライティング作業時は、**IPR Window**の**Enable/disable debug shading mode**をONにして、デバッグシェーディングモードの**Diffuse**を使用します。マテリアルが反映されてませんが、IPR Windowのレンダリング速度が短縮されるので、ライティングに集中できます。

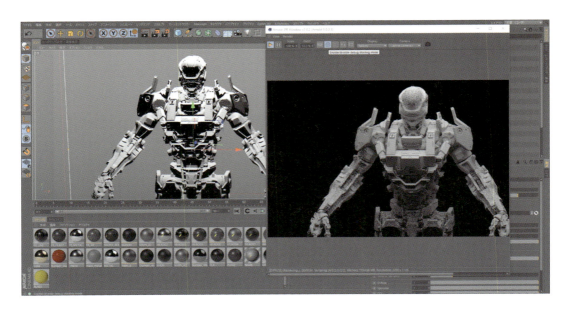

Chapter02 : Shun Endo | 183

| Step 02 | カメラオブジェクトを追加し、IPR WindowのCameraで追加したカメラオブジェクトを選択します。これで、IPR Windowを固定しつつ、プレビューでライト位置の調整がしやすくなります。 |

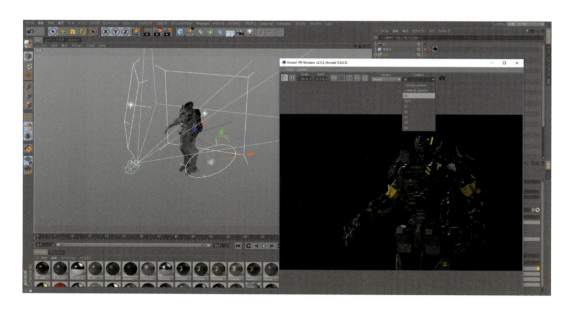

上の図のライトオブジェクトの構成は、調整しやすいシンプルなマテリアル作業初期に配置した基本的な3点照明とドームライトを再調整したもので進めます。
ドームライトは、なるべく適用されているHDRI画像の光源とプロジェクト内でのキーライト位置を意識して調整しましょう。

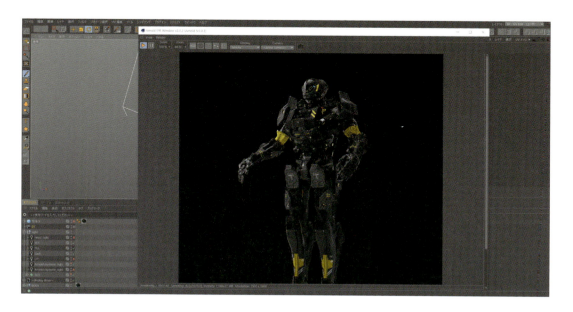

しっかりイメージ通りになるまで、微調整を続けましょう。ライティングが決まったら、一旦テストレンダリングして細部のチェックをします**(Sample Data：Ch02_27)**。

## 2-4-4 ポージング

どんなに素晴らしいモデルでもTポーズで棒立ちしていては台無しです。モデルチェック用の場合は仕方ないですが、それがモデルの魅力を伝えるべき絵作りをするなら、そのモデルのキャラクター性や魅力を出せるポーズを取らせるべきでしょう。

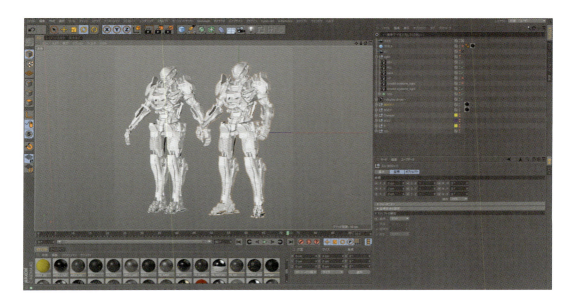

肩幅大に脚を開き胸を張っているシンプルなポーズですが、それだけでも印象は大分変わりました**(Sample Data：Ch02_28)**。

ポージングに関しては、重心を取るだけの基本的なものや、優雅な立ち姿のファッションショーモデル、特定の筋肉を見せつけるポーズを取るボディビルダー、または巨大ロボットの決めのポーズなど、様々なシーンに特化したリファレンスが巷には膨大に落ちています。そこからイメージに合う合うものを探し出して参考にしましょう。

## 2-4-5　レンダリング設定

### Arnoldの設定

レンダリング設定を開き、レンダラを **Arnold Renderer** に変更します。
レンダリング設定は下の図のようになっています **(Sample Data：Ch02_29)**。

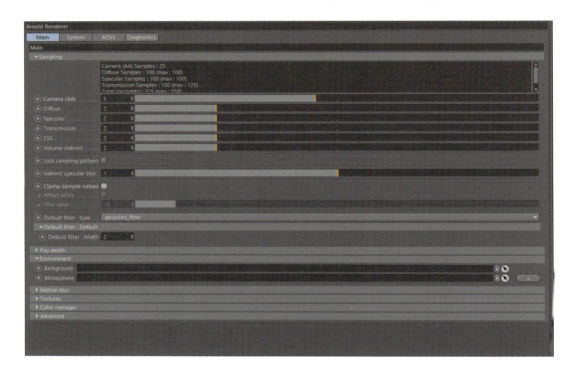

**Sampling** と **Ray depht** の各レイのサンプル数を設定していきます。
各レイの設定をIPR WindowやAOVsで書き出してどこにノイズが多いかをチェックしながら数値を調整します。

camera AAは、全体のサンプル数を上げる設定です。上げ過ぎると不必要なサンプル数まで増加してしまうため、闇雲に数値を上げないように注意しましょう。
どうしても髪の毛のような細かいオブジェクトがありノイズが無くならない場合などに最終的な方法として使用します。

ノイズ軽減のためのフローチャートが公式に用意されているので、自分のプロジェクトのノイズ軽減にはどの項目をいじれば良いのか確認したい時に活用しましょう。

https://support.solidangle.com/display/A5AFCUG/Removing+Noise+Workflow

## AOVs設定

**AOVs(Arbitrary Output Variables)**はCINEMA 4Dのマルチパスと同等の機能です。

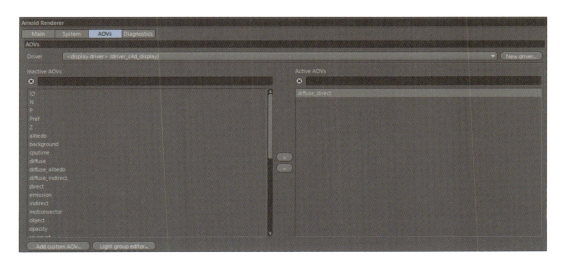

左**Inactive AOVs**の一覧から、任意のパスを選択して**>**をクリックすると**Active AOVs**にそのパスが移動するだけでなく、**オブジェクトマネージャ**にAOVs管理用の**display driver**オブジェクトが生成されます。
この時に設定した各パスは、IPR Windowの**Display**に追加されるので随時確認することができるようになります。

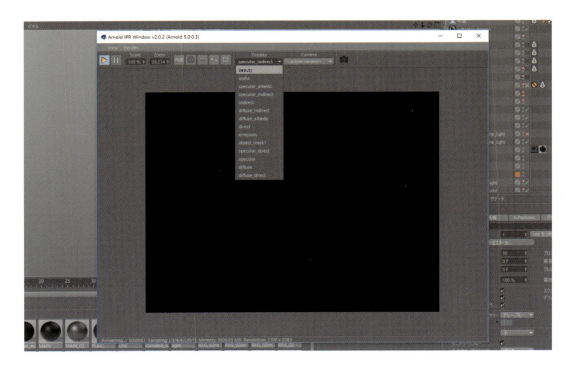

## Asset/Tx Manager

**Asset/Tx Manager**はプロジェクト内でArnoldに使用されているテクスチャやファイルを管理するためのもので、各画像フォーマットやプロシージャルのASSファイル、ボリュームのOpen VDBファイルなど、アーノルド関連のすべてのアセットが表示されます。

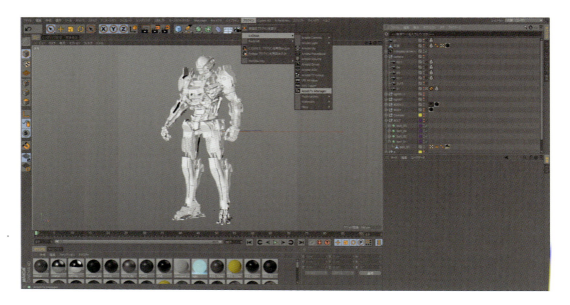

ファイルの管理以外に、各画像フォーマットの.txファイルへの変換機能があります。
Arnoldには推奨されている最適化された.txファイルを使用し、テクスチャメモリの使用量を効率的に管理することができます。

変換は左の一覧から変換したいテクスチャを選択し、右側のパレットにある**Create**をクリックすると.txファイルが生成されます。
生成されれると一覧のテクスチャ名の左側に(tx)が表示されます。これはオリジナルと.txファイルどちらとも利用可能な状態を表しています。
生成時**Replace texture with.tx**のチェックをONにしておくと[tx]となり、オリジナルと.txファイルが置き替わり.txファイルのみになります。

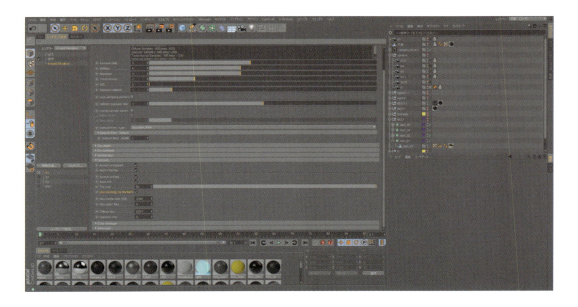

レンダリング設定で、**ArnoldRenderer**＞**Main**＞**Textures**＞**Use existing.tx textures**のチェックをONにして.txファイルを優先的に読み込むようにしておきます。

## レンダリング

**出力**と**保存**は通常のCINEMA 4Dの標準操作のままです。
AOVsで設定した画像は保存の**マルチパス画像**で指定されたファイルに書き出されます。
出力サイズと保存設定（色範囲の広いOpenEXR形式）後レンダリングを開始します。

### 2-4-6　コンポジット作業

レンダリングが済んだら、最後の仕上げとしてAdobe After Effectsでコンポジット作業を行います。基本的にコンポジット（レタッチ）作業はPhotoshopを使用する人の方が大多数だと思います。しかし、自分はトライアンドエラーがスムーズに勧められ、様々なエフェクトが使用かつ管理しやすいのでよく使用しています。

 Step 01　After Effectsを起動し、レンダリングが終わった画像をすべて読み込みます**(Sample Data：Ch02_30)**。
　　プロジェクトの色深度を16bitに設定します（32bitに設定すると使用できるエフェクトが制限され、またAEがかなり重くなります）。
　　プロジェクトが管理しやすいように、コンポジションと素材用のファイル構成を作成します。

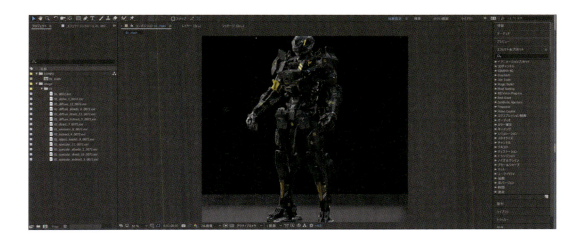

| Step 02 | ロボット用、背景用の2つのコンポジションを作成します。
ロボット用のコンポジション**01_body**ですが、メイン画像**01.exr**にspcular_indirectを覆い焼きリニア60%で重ねます。
さらに**diffuse_albedo**を都市迷彩部分だけobjectMaskタグで書き出したマスクかAEのマスクで抜き出します。それを先ほどの2つの素材の上の階層に覆い焼きカラーで重ね迷彩塗装をよりはっきりさせます。
最後に**specular_direct**をスクリーン70%で乗せメインライトの反射を追加します。 |

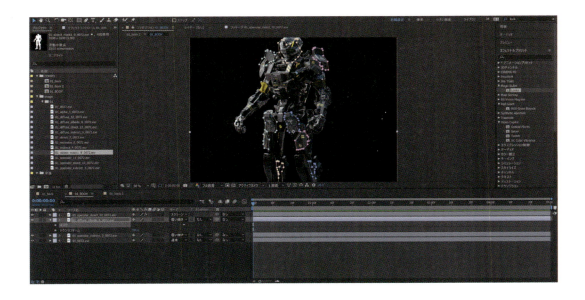

| Step 03 | 背景用のコンポジション**01_back**の場合は、メインの**01.exr**の上に**object_mask**を置いてトラックマットを**ルミナンスキー反転マット**で床のみにします。さらにマスクを追加して床と背面の影の境目を緩やかなグラデーションにします。
**diffuse**でオーバーレイ70%、**specular**でスクリーン92%を追加して、反射と影を際立たせます。|

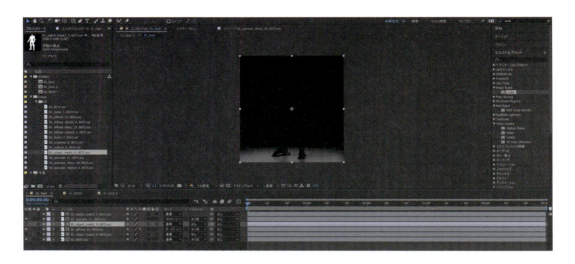

| Step 04 | 01_bodyと01_backを1つのコンポジションにまとめます。
カラーグレーディングに外部プラグインですが、**Magic Bullet Looks**と光源エフェクトとして**Optical Flares**を追加します。|

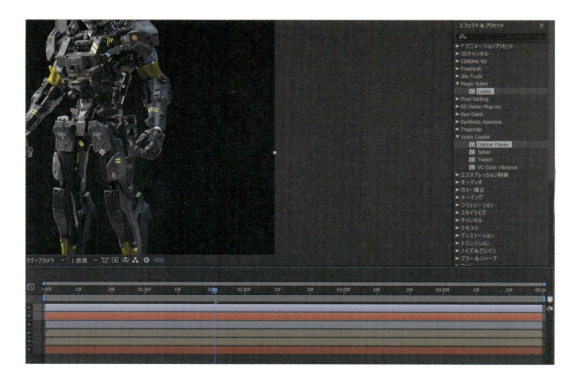

| Step 05 | 頭部側面にあるライト部分に**Optical Flares**を配置します。

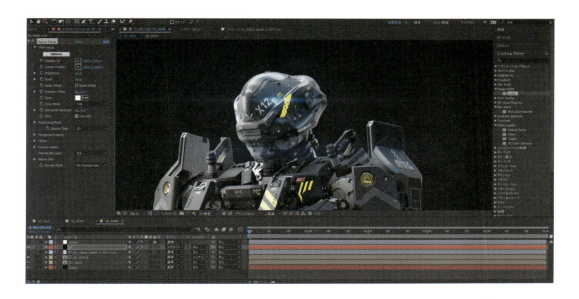

| Step 06 | **Magic Bullet Looks**で様々な色調補正のエフェクトをまとめて調整していきます。この時、プリセットをそのまま適用すると誰が見てもLooks的な絵になりがちなので、自分はLooksを使う前の工程で絵作りは完了させ、最後にまとめて管理したい色調補正エフェクトをLooksで適用するといった運用をしています。

| Step 07 | 最後にAEから**コンポジション＞フレーム保存＞ファイル＞レンダーキュー**で書き出せば終了です**(Sample Data：Ch02_31)**。

# Chapter 2-5 ギャラリー

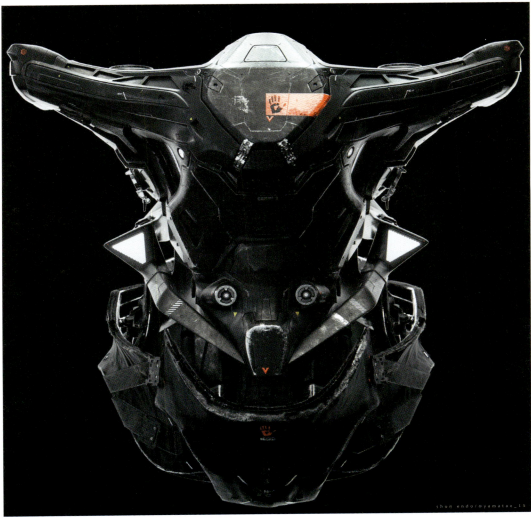

head01
近未来の警備員用ヘルメット装備コンセプト。
個人制作。サブディビジョンモデル、Substance Painterでテクスチャを作成。

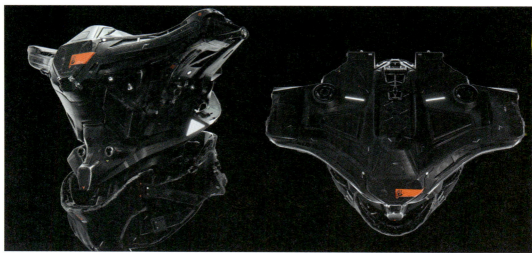

Chapter02 : Shun Endo

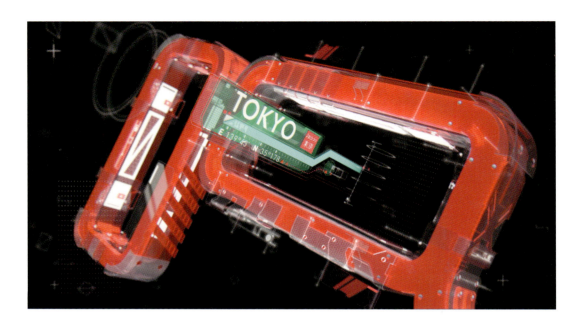
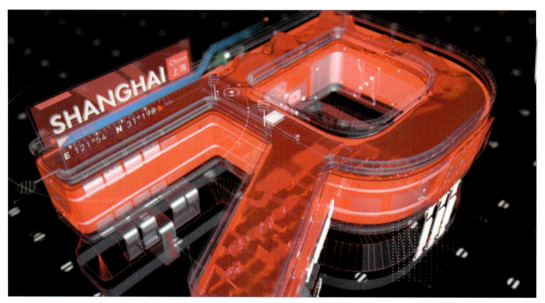

RED geek pictures
RED geek picturesサイトTOPのVI映像。

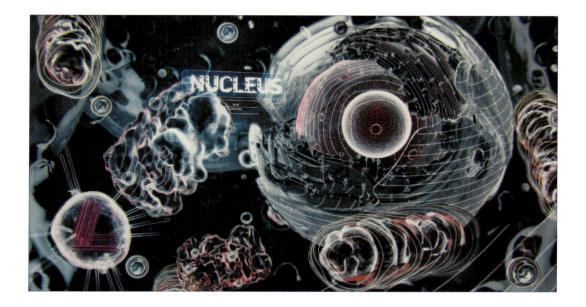

ミクロテーブル
福岡市科学館常設展示「ミクロテーブル」の映像素材。
顕微鏡デバイスに標本キューブを置いて、ダイヤルを動かすことで拡大していき細胞の構造を映像で見ることができるコンテンツ。

ジャンプ！op映像
福岡市科学館常設展示「ジャンプ！」のカウントダウン映像。
自分が映るハイスピードカメラのスロー映像で身体の動きを観察できるコンテンツ。

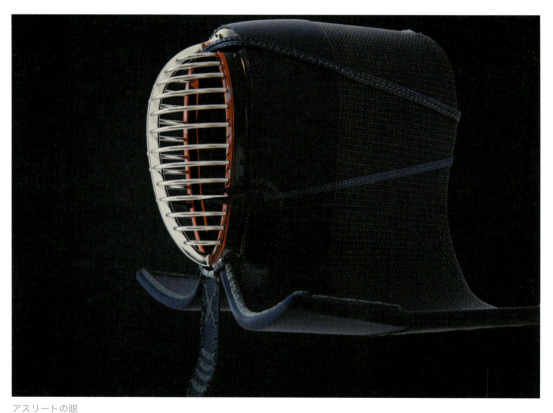

アスリートの眼
21_21 DESIGN SIGHT「アスリート展」で展示された星野泰宏氏の体験型作品「アスリートの眼」用に作成したリアルタイムモデル。
剣道を例に、体験者が対戦相手をどのように観察するかを視線センサーを用いて取得・視覚化し、アスリートの視線と比較する作品。

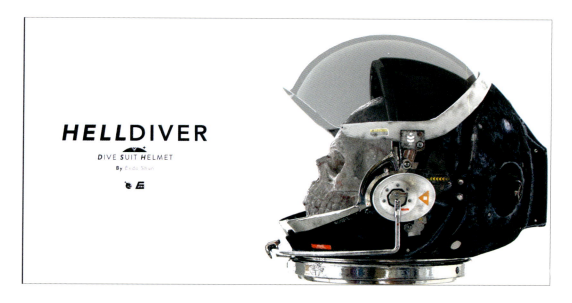

HELLDIVER HELMET、Moka Express
どちらともSubstance Painterの学習用に制作したもの。

Corridor
sci-fiな施設の廊下。
Arnold Renderer使用。

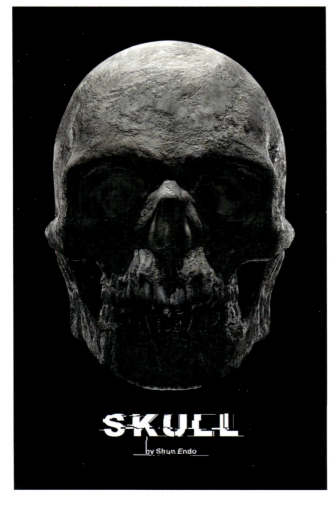

skull
スカルプトモデリング習作。
テクスチャはSubstance Painterを使用。

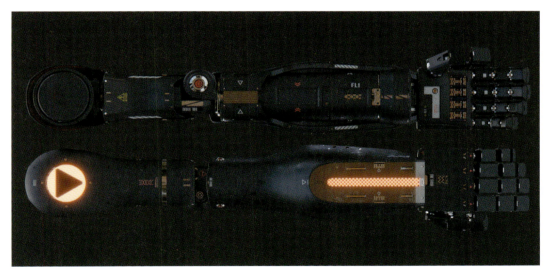

Robot parts
ハードサーフェイスモデリング習作。

## 2-5-1 まとめ

モデリングのテクニックや作法は、今回紹介できたものは一部でしかありません。モデルを扱う媒体の違いや会社によってワークフローごとの作法が生まれています。ですのでここでの正解が間違いで、今までの間違いが正解になる場合もありえるのです。

そこで重要になるのが自分がイメージするモデルの形状を正確に捉え、しっかりとモデルに落とし込めるようになることではないかと思います。

まずは下手に作法に縛られ一箇所のポリゴンの割り方に延々悩むよりも、どんどんモデリングして作品を完成させましょう。

一つのモデルを完成させれば、足りなかったものや出来なかったこと、そして自身が伸ばすべき長所も見つかるはずです。これは最初の一回目のモデリングだけでなく、モデルを一つ作るたびに悪い良い含めて毎回発見します。

最後まで読んでくださりありがとうございました。
今回執筆した内容が読者の方々の一助になっていただければ幸いです。

# ハンバーガー店のビジュアル制作

Chapter 3

## Chapter 3-1　概要

この章では、3Dイラストの制作手法を、実際の案件を想定して紹介します。

### 3-1-1　3Dイラストについて

私は普段広告の分野などで、手描きのイラストレーターのように架空の世界をCINEMA 4Dを用いてビジュアル化しています。現実にないものをリアルに表現したり、コミカルにデフォルメしたりとプロジェクトによって独自の世界観を作っています。
私に限らず、3Dイラストレーターという肩書きでこのような活動をする作家は近年世界的に急増しており、試しにBehanceなどのクリエイター向けSNSで「CINEMA 4D」とキーワード検索すれば、無数の3Dイラストレーター達の作品が日々生まれていることがわかります。

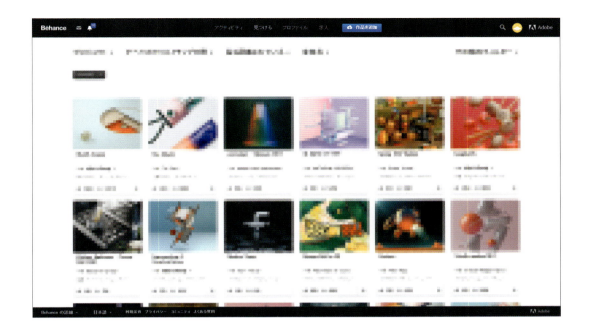

CINEMA 4Dは映像・建築・プロダクトCGといった様々な分野・用途で用いられていますが、3Dイラストは、フォトリアルなCGの制作と求められる部分が少し異なります。実在しない空想の世界を形にしていくため、観察力だけでなくイメージする力や構成力、モデリングやテクスチャの表現力も必要になってきます。

ここでは、案件としての3Dイラストの発想方法や構図の作り方、そしてCINEMA 4Dを用いた制作の流れを紹介していきます。

## Chapter 3-2　制作準備

今回は実際の案件を想定した流れで、架空のハンバーガー店の広告ビジュアルを制作していきます。

### デザインコンセプト（ミニチュアのハンバーガー工場）

制作するビジュアルは、ハンバーガー店をミニチュア化した、キャッチーなものを目指します。アイソメトリックな遊び心のある、思わず見入ってしまうようなものが良いでしょう。
また、ただの店舗のミニチュアではなく、工場を模した世界などにしてあげます。

### モデリングのポイント

多数のオブジェクトがミニチュアの世界に配置されているビジュアルなので、個々のモデリングは比較的難易度が低めです。ただ、大量のオブジェクトを立体的にどうバランス良く配置するか、また見る人の視線の誘導も重要になってきます。

### レンダリングのポイント

大量のオブジェクトを配置するので、それぞれのオブジェクトに合わせて様々な質感をリアルに表現し、画面が豊かに見えるように表現しようと思います。
ラフ制作に入る前に、事前にイメージに近い3D作品を（自分のもの以外でも、ネット上の他者の作品も含め）クライアントと共有し合うと良いでしょう。
3Dイラストの制作の流れは、手描きのイラストレーターの制作の流れと近いです。オリエン時にヒアリングした企画のコンセプトをもとにラフ制作を行い、クライアント確認を行います。
いきなり紙とペンを前にしてラフを描き始めても、何を描けば良いかわからない方もいるかもしれません。
まずラフ制作に入る前に、企画やハンバーガー店から連想されるものをキーワードで書き出してみます。

### キーワード

- ハンバーガー店→ハンバーガー、ポテト、ドリンク、食材、調味料
- 食材→肉、野菜、チーズ
- 店→看板、厨房、座席、メニュー

というように、出てきたキーワードからどんどん連想していくと、イメージが広がってきます。
上記の挙げていったキーワードから、後ほど配置するオブジェクトも決まってきます。

## 3-2-1 資料収集・スケッチ

出てきた各キーワードの資料を集めて、モチーフの形状も確認します。

資料収集はネット検索が手軽で良いですが、デザインに関わるものを探す場合はPinterestも良いでしょう。普段からPinterestのボードにグラフィックデザイン、乗り物、建築、プロダクトデザインなどの様々な資料をストックしておくと、いざという時に活用できます。

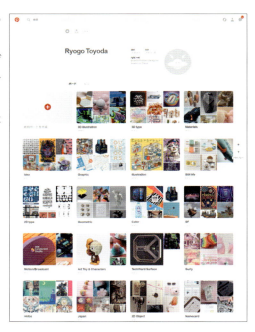

資料をもとに、気に入ったものをいくつか軽くスケッチしてみます。スケッチすることで、モチーフの形状や細部に理解を深めることができます。

## 3-2-2 小ラフ制作でアイデア出し

配置するモチーフが決まってきたところで、ラフ制作に入ります。今回のような複雑な作品を作る場合は、いきなり提出用の本ラフに取り掛かると、なかなか上手くまとまりません。
ですので、まずは大まかな構図を、ノートにいくつか小さくスケッチしてみます。

・キューブ状の工場
・立方体が組み合わさった工場
・ハンバーガー型の工場

ここでは、立方体の組み合わさった工場が面白そうです。
立体的に入り組んだ構図になり、工場の中でハンバーガーが生まれるストーリーが見えてくるからです。

### 3-2-3 　本ラフ制作

それでは、大まかな構図が決まって来たところで、本ラフの制作に入ります。
ここから使用する画材ですが、やり直しのきく画材が良いでしょう。筆者はiPad ProとApple Pencil・アプリProcreateを使用していますが、PCとペンタブレットや、紙と鉛筆でも良いでしょう。デジタルでラフ制作をする場合は、アイソメトリックグリッドを用意し、背景レイヤーに設定すると良いでしょう。
アイソメトリックグリッドは、ネット上で無料配布されていますが、自分で線を引いて用意しても構いません。

ここで、一度ミニチュア3D制作をする上でのポイントを確認します。

## ミニチュア3D制作の際に意識するポイント

- 立体的に入り組んだ構図にした方が、画面に動きが出る
- 高低差をつけて、平坦にならないようにする
- オブジェクトを沢山配置する場合は、余白と密度のメリハリをつけて、観る人の視線が散漫にならないようにする
- 金属、木材、布といった様々な質感のモチーフを取り入れることで画面が豊かになる
- 配置されたモチーフは独立したものではなく、互いに関連性を持たせることで、絵にまとまりが出てくる(例：左側で調理された食材が右側で加工されている、等)
- 企画のコンセプトに合っているか、ターゲット層に刺さる絵になっているか

以上を踏まえた上で、ラフを描いていきます。
まずはアイソメトリックグリッドに沿って、土台を描きましょう。最初の段階ではグレーの線でシンプルな立体物を描いていくと良いでしょう。

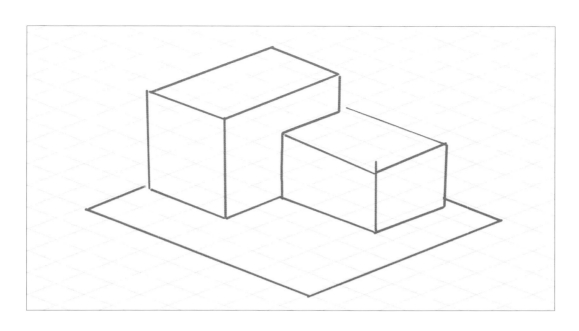

続いて、その上に先ほど考えたモチーフを配置していきます。
配置するモチーフは、様々な質感のものを配置すると画面が豊かになっていきます。

できたら、仕上がったラフを観察し、先ほどのチェックポイントを確認し、問題なければ塗りを入れて完成です。

## 3-2-4 クライアント確認

完成したラフをクライアントに提出する場合は、ラフだけだとレンダリング後の完成図をイメージしづらいので、ラフと一緒に参考資料を提出すると良いでしょう。
参考資料はご自身の過去の作品もしくはネット上の他者の3Dイラストなどから、今回のイメージに近いものを数点選びます。

## BURGER FACTORY
To tell a story how the humberger made in this shop.

**Concept Sketch**

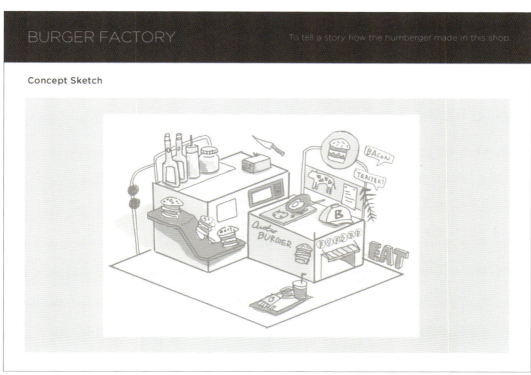

## BURGER FACTORY
To tell a story how the humberger made in this shop.

**References**

Chapter03 : Ryogo Toyoda

### 3-2-5　作業環境のセットアップ

ラフ提出を終えて制作の方向性が確定したら、3D制作に入っていきます。
CINEMA 4Dでの作業に入る前に、作業環境のセットアップを行います。
今回は、レンダラに**Octane Render**を使用するので事前にインストールします。
レンダリング時の設定項目も他のレンダラに比べ少なく、レンダリング時間も圧倒的に少ないため、絵作りの試行錯誤に集中できます。

#### Octane Render動作環境

Octane Renderの動作環境は以下の通りになります(2017年10月時点)。

- Windows Vista, 7 and 8 – (R13 – R18)
- Mac® OS X® – (R15 – R18)

Octane Renderの動作にはCUDAに対応したNVIDIA製のビデオカードが必要となります。
インストール前に最新版のCUDAがインストールされているか確認してください。

- CUDA対応ビデオカード一覧(https://developer.nvidia.com/cuda-gpus)

また、Octane Renderを購入をされる方は、事前に体験版をインストールし、問題なく動作するかテストしてください。
Octane RenderをCINEMA 4Dの外部レンダラとして機能させるためには、Octane Render Standalone版とCINEMA 4D用のプラグインが必要になります。

#### インストール

体験版は以下よりダウンロードしてください。
https://home.otoy.com/render/octane-render/demo/

製品版は以下のURLよりインストールを進めてください。
https://home.otoy.com/render/octane-render/purchase/

#### インターフェイスのカスタマイズ

Octane Renderが無事インストールできたら、作業に入る前に、今回のミニチュア3D制作がしやすいように、インターフェイスをカスタマイズしておくと便利です。
Octane Renderを使用する場合は、Octane Dialog(レンダリングウインドウを呼び出したり、レンダリング設定なども行うためのダイアログ)を常に表示させておくと良いでしょう。

■Octaneダイアログの表示
**メニュー＞Octane＞Octane Dialog**でダイアログを表示し、オブジェクトマネージャの上などにドラッグします。

今後もOctane Renderを頻繁に使用する場合は、**メニュー＞ウインドウ＞カスタマイズ＞初期レイアウトとして保存**で、このレイアウトを初期レイアウトにしておくと良いでしょう。

また、今回は多数のオブジェクトを扱うため、PSRリセットを多用します。こちらも好きな場所に表示させておくと良いでしょう。設定方法は、まず**メニュー＞ウインドウ＞カスタマイズ＞パレットをカスタマイズ**を選択します。

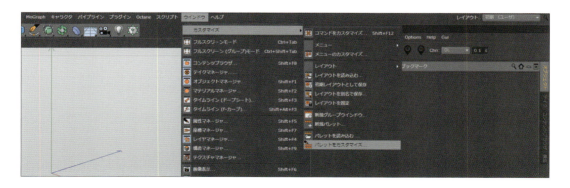

次に、名前フィルタに**PSR**を入力します。

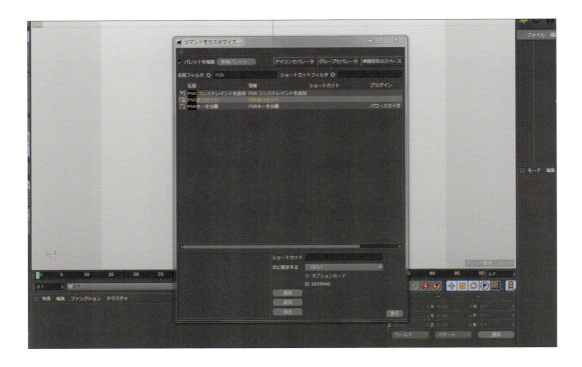

出てきたリスト内から、**PSRをリセット**をツールバーの好きな場所にドラッグします。

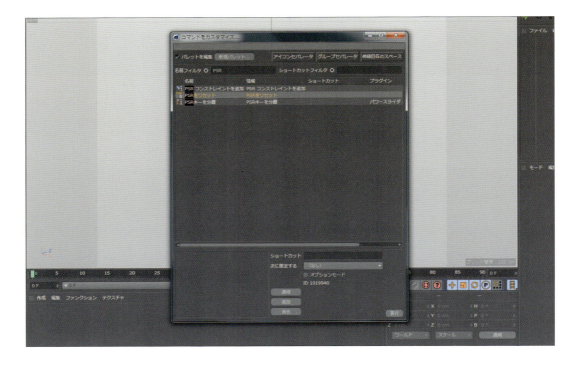

それでは、準備が整ったところでモデリングに入っていきます。

# Chapter 3-3　モデリング

作業前に、ビューポートにグリッドが表示されているか確認します。

## 3-3-1　モデリング前の事前準備

今回は正確なパースのモデリングではなくイラストなので、以降のオブジェクトの数値に関しては、とくに厳密に設定する必要はありません。
表示されているグリッドを目安にコントロールバーで大きさを操作して進めても結構です。

### ビューポートへの表示

**フィルタ＞グリッド**にチェックします。

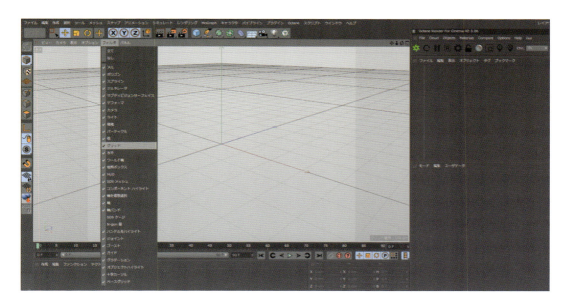

## グリッド間隔の設定

初期値のままでも問題ありませんが、適宜調整しても良いでしょう。

まず、**オプション＞設定＞背景**を選択します。

次に、**レガシーモード**にチェックし、**グリッドの間隔**に数値を指定します。

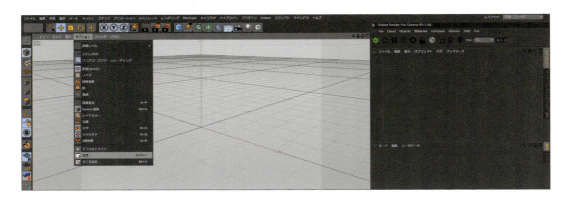

## 3-3-2 土台のモデリング

**Step 01** まずはベースとなる土台・建物部分から制作していきます。
床となる**平面**を縦13000cm、横13000cmで配置します。
**床**オブジェクトで制作しても構いません。

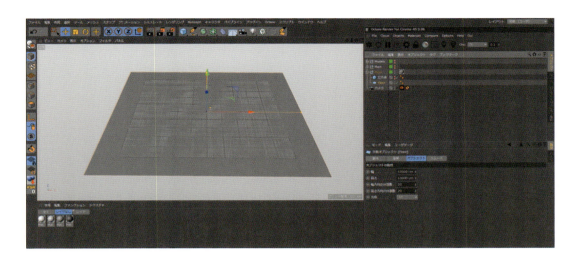

**Step 02** 建物を作る前に、建物の土台を配置します。立方体をX：900cm、Y：3cm、Z：900cm で、先ほどの床の上に配置します。これを配置しておくことで、この後作っていく複数の建物・オブジェクトにまとまりが生まれます。
なお、わかりやすいように、先ほどの床には白色のマテリアルを設定してあります。
モデリングの段階では、グレースケール(白、グレー、黒)でカラーリングし、
オブジェクトのバランスを見ながら配置を決めていきます。

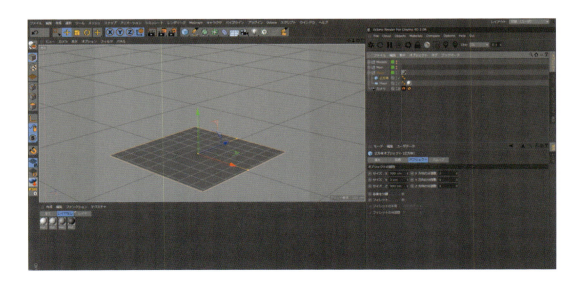

| Step 03 | 本ラフで描いたとおり、まずはメインとなる2つの建物を配置します。
それぞれ高さを変えて高低差を出すことで、画面に動きが出てきます。
左の建物は立方体をX：300cm、Y：400cm、Z：600cmで作成し、右の建物は立方体をX：350cm、Y：200cm、Z：450cmで作成します。その際、土台の奥の角に沿うように配置します。 |

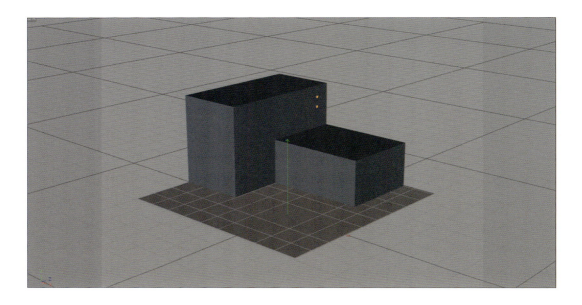

## 3-3-3 各パーツのモデリング

土台ができてきたところで、この上に配置するオブジェクトを順次制作していきます。
また先ほど述べたとおり、ミニチュア3Dを制作する際には、様々な質感・形状のものを配置すると画面が豊かになります。
ラフ制作の際に配置するオブジェクトはある程度決めていますが、ここでもう一度制作するオブジェクトを確認します。

### 有機的な形状・質感のもの

- ハンバーガー、ドリンク、ポテト、トレイ
- トマト、唐辛子、ソーセージ
- 帽子
- 植物・ハーブ類

## 無機質な形状・質感のもの

- 調味料類
- 電子レンジ、コンロ
- フライパン、ナイフ、まな板
- 看板類
- 機械

配置するオブジェクトが多いため、心折れそうになるかもしれませんが楽しみながら制作を進めてください。

モデリングの際は参考資料を見ながら進めていきますが、今回はキャッチーな親しみやすいビジュアルを目指しているので、あまりリアルすぎない、デフォルメされた形状でモデリングします。

ここまでのシーンデータとは別に新規ファイルを作成し、モデル制作を進めていきます。

また、今の段階ではまだテクスチャには色をつけずに、グレーのもので進めていきます。

ここでの解説は、基本的には各オブジェクトのモデリング時のポイントを紹介していく形になりますが、制作工程が複雑なものについては、ステップ形式で解説を入れています。

各オブジェクトの完成ファイルを付属しているので、そちらも参考にしてみてください。

## ハンバーガーの制作

このビジュアルのキーとなる部分なので、アイコニックに抽象化した、おもちゃのようなハンバーガーにします。パン、レタス、トマト、肉、チーズ、ゴマで構成します。

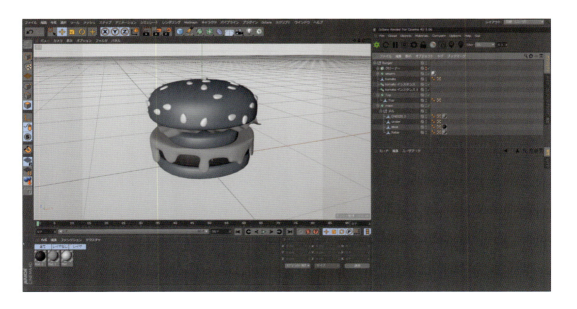

| Step 01 | レタスは、平面オブジェクトを**メッシュ**>**変形ツール**>**マグネット**ツールで変形させつつ作ります。

ある程度形を作ったら、サブディビジョンサーフェイス(SDS)に入れて形状を滑らかにしておきます。

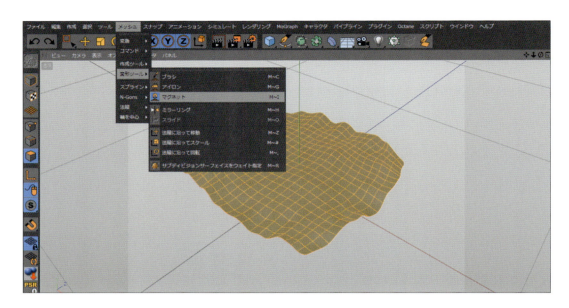

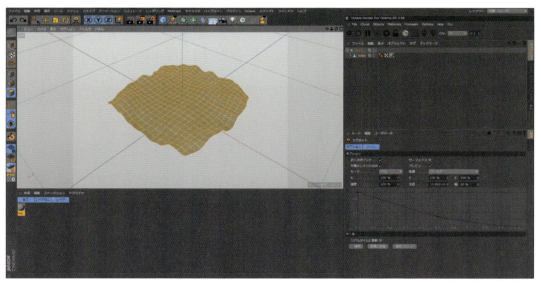

| Step 02 | トマトや肉、パンの部分は円柱に近い図形なので、立方体をサブディビジョンサーフェイスに入れたものを微調整する程度で良いでしょう。

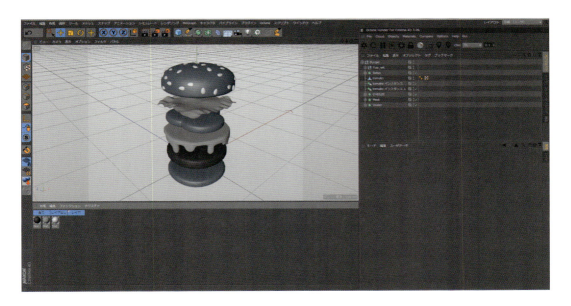

| Step 03 | チーズは円柱をベースに作っていきます。
円柱オブジェクトの高さを薄めにし、編集可能にします。

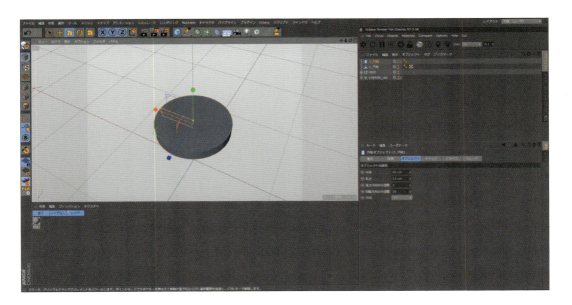

| Step 04 | この状態だと、円柱の側面と上下のキャップ部分が連結されていないので、**メッシュ＞コマンド＞最適化**を選択して連結させます。 |

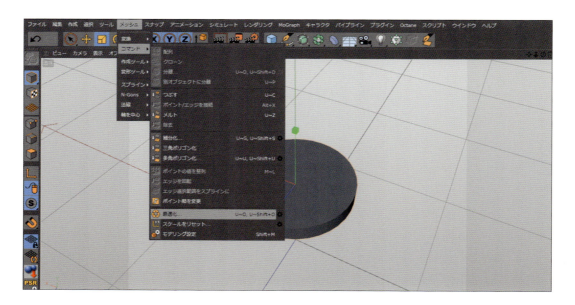

| Step 05 | その後、キャップの円周（縁）近くをループカットし、カットしてできた面をランダムに押し出します。 |

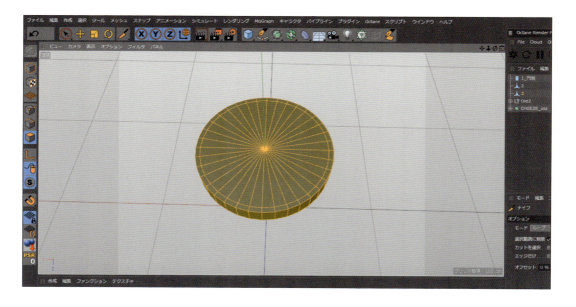

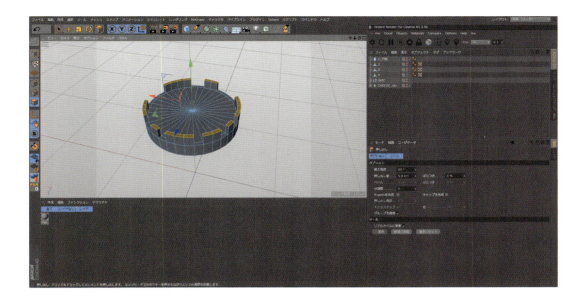

| Step 06 | その後も押し出し・移動で微調整していき、チーズのタレ具合を表現します。本来は重力により下方向に垂れていきますが、制作段階では作業しやすいように上向きで進めています。 |

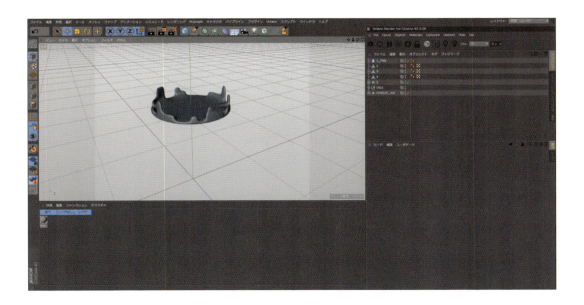

タレ具合は細かすぎず、大ぶりにしたほうがキャッチーで親しみやすい印象になります。

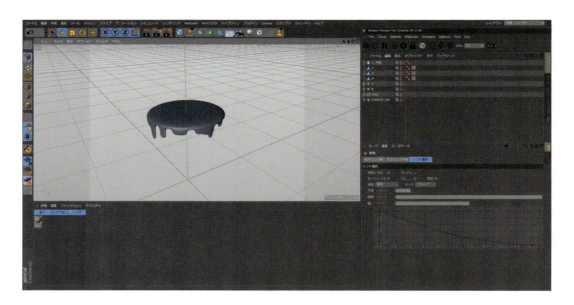

**Step 07** ゴマは立方体をサブディビジョンサーフェイスに入れて制作し、複製します。
続けて**クローナーオブジェクト**に入れ、上部のパンに沿うように配置していきます。
クローナーから、**モード**：オブジェクト、**オブジェクト**：上部のパンを指定、**分布**：サーフェイス、**シード**：お好みで設定します。
そのままではゴマの位置が汚く見えてしまうので、クローナーのシードを決めたらクローナーを編集可能にし、変な位置にあるゴマは削除もしくは移動するなど調整し、見栄えを良くします
**（Sample Data：Ch03_01）**。

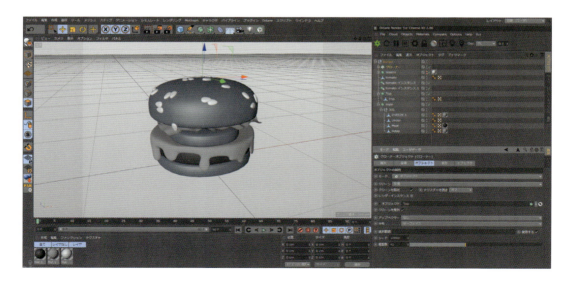

## ドリンクの制作

ドリンクのコップ部分は円錐オブジェクトから制作します。上端の半径よりも、下端の半径が小さくなるように値を調整してください。ふた部分は円柱とトーラスで良いでしょう。

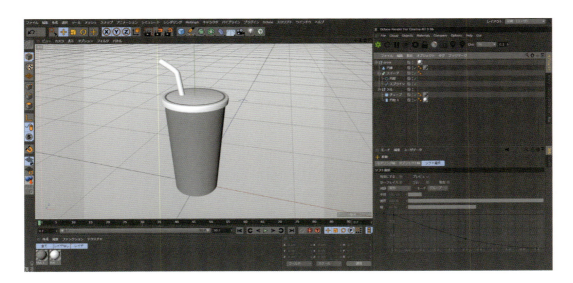

ストローはスプラインをもとにスイープで制作します。ビューを前面に切り替え、ベジェでスプラインを描いたら、円形スプラインと一緒にスイープの中に入れます(Sample Data：Ch03_02)。

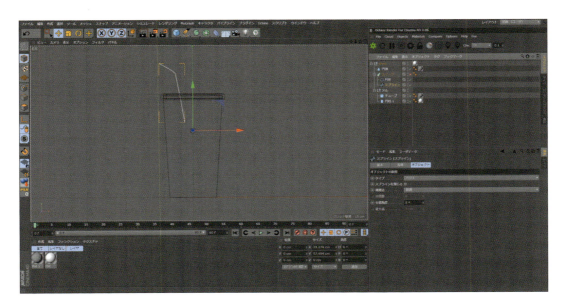

Chapter03：Ryogo Toyoda

## ポテトの制作

入れ物は、サブディビジョンサーフェイスに入れた立方体を逆か台形の状態にします。
台形の上部をベベルで押し込んだ後、縦の中心線を**ナイフ**（モード：ループなど）で切断して半分にし、対称オブジェクトに入れて形を調整すると良いでしょう。

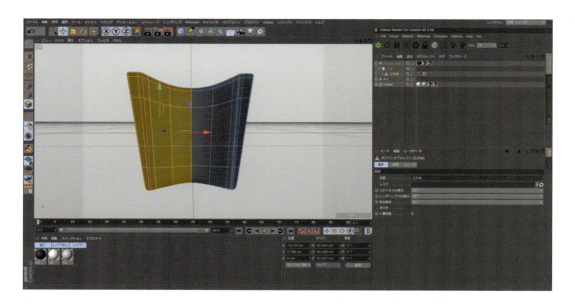

ポテトは大きさ・形の違うものを2種類ほど制作し、クローナーオブジェクトに入れ、クローナーを選択した状態でランダムエフェクタを作成し、角度や位置に変化をつけます。
クローナーでの複製が自然にならない場合は、クローナーを編集可能にし、位置を微調整して自然な見栄えにします**(Sample Data：Ch03_03)**。

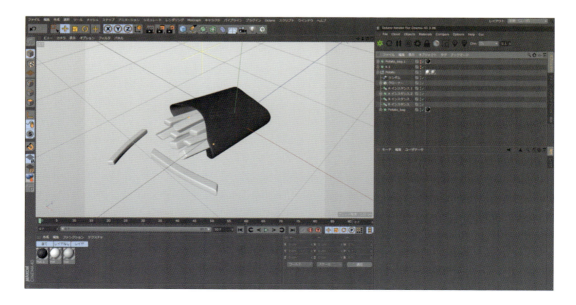

## トレイの制作

トレイはサブディビジョンサーフェイスに入れた立方体をベースに制作します。
凹み部分は、上面を面内に押し出した後、ベベルで制作します**(Sample Data：Ch03_04)**。

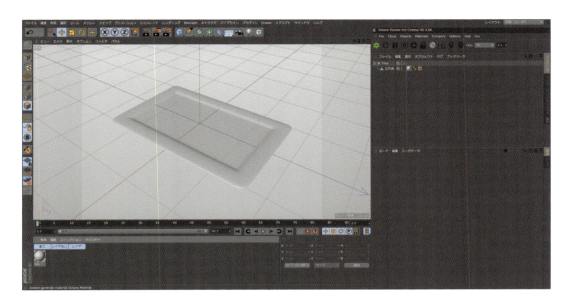

## トマトの制作

せっかくの3Dビジュアルなので、現実にはありえない物を少し入れてみると面白いビジュアルになってきます。イラストの中で調理されているトマトは、普段目にする丸いトマトではなく四角にして、カマボコのように切られている状態にします。

長方形スプラインに少しフィレットをかけた状態で、押し出しに入れます。ヘタも制作します。単純な図形ですが、後で入れるテクスチャをリアルなものにします**(Sample Data：Ch03_05)**。

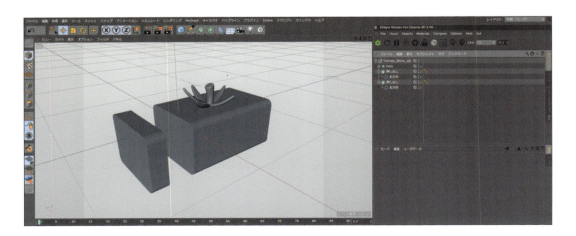

## 唐辛子の制作

続いて唐辛子です。
ここまでデフォルメしたモノが多かったので、こちらはややリアル寄りに制作します。
実の部分はサブディビジョンサーフェイスの中に立方体を入れ、Y方向に押し出していき制作します。
その後、それぞれ横方向のエッジをループ選択して、幅や位置を調整します。

ヘタの最下部は、側面を押し出して微調整し制作します。
実の部分は横位置を不均等にするとリアルに見えてきます。さらに部分的にポリゴンを押し込んだり、ポイントの位置調整をして完成です**(Sample Data：Ch03_06)**。

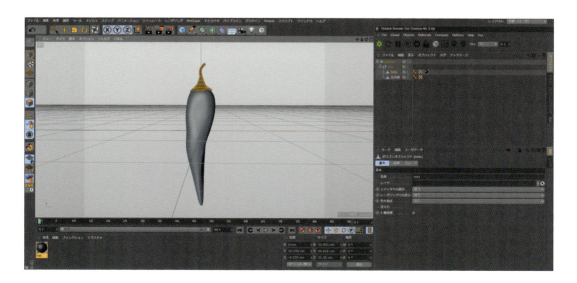

## ソーセージの制作

ソーセージは、サブディビジョンサーフェイスと立方体ベースでの制作で良いでしょう。
ただ床に置いてあるのではなく、束で台の角にぶら下がっているような見せ方にすると良いです。
ソーセージの複製は、クローナーオブジェクトでスプラインに沿って配置させる方法もあります

が、ソーセージ同士の連結や位置調整の手間を考慮し、インスタンスで複製させ、手作業で繋げていきます。
その後、立方体を配置し、その角に沿うように並べていきます(Sample Data：Ch03_07)。

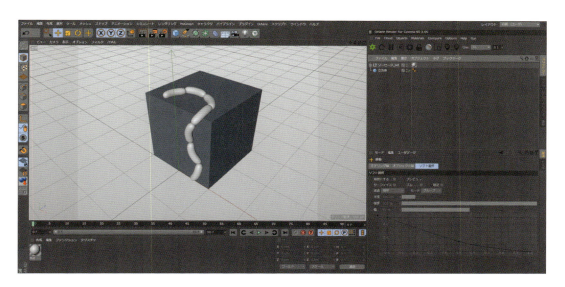

## 帽子の制作

続けて帽子を制作していきます。帽子は「つば」、ベースとなる「帽子部分」、その上の「天ボタン」の3つのパーツで構成します。制作工程を順に見ていきましょう。

 つばの部分は、立方体の中心線をやや上に持ち上げ、少しカーブさせます。

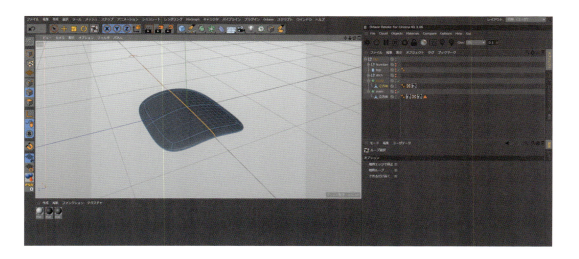

Step 02 　帽子部分はサブディビジョンサーフェイスと立方体をベースに制作します。ドーム状にした後に、前面を押し出します。
　また、帽子部分の上部には、天ボタンを円柱オブジェクトで配置しておきます。

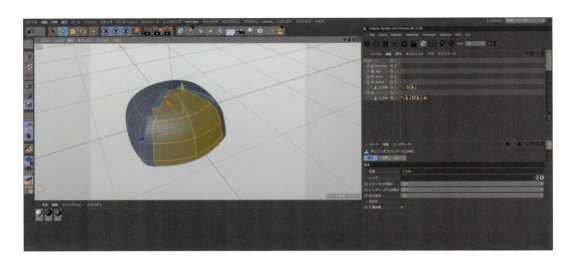

Step 03 　後ほど布のテクスチャを入れますが、ステッチ部分はモデリングしておきます。
ここはエッジをスプライン化したものに沿って、ステッチをクローンさせます。
　帽子部分およびつばの、ステッチを入れたいエッジをリング選択などで選択後、親のサブディビジョンサーフェイス(分割数：3)を複製し、編集可能にします。

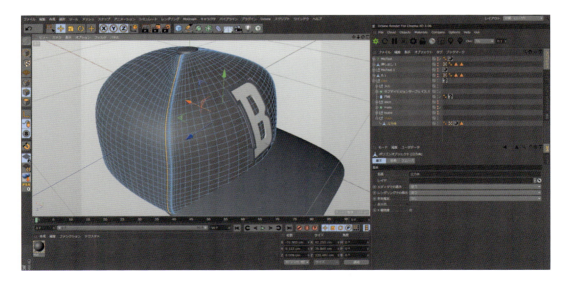

Step 04　先ほど選択したエッジが選択されたままになっているのを確認し、**メッシュ＞コマンド＞エッジ選択範囲をスプラインに**でスプライン化します。

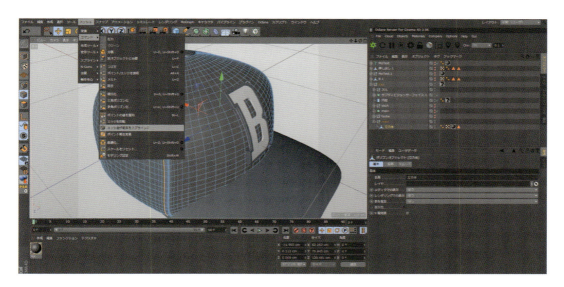

Step 05　このスプラインに沿って、カプセルオブジェクトをクローナーに入れ複製させてください。複製させるカプセルオブジェクトは、やや細長の形状にしておきます。

これをクローナーに入れ、**クローナー**で**モード**：オブジェクト、**オブジェクト**：作成されたスプライン、**分布**：均等と設定します。スプライン化に使用した帽子オブジェクトは消し、元の帽子オブジェクトを表示させておきます。

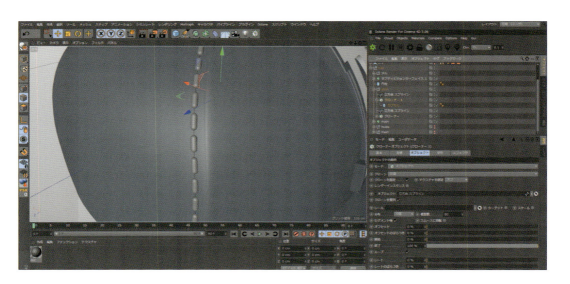

Chapter03 : Ryogo Toyoda

| Step 06 | 前面の文字は、キャップの形状に沿うようにします。
押し出したテキストスプラインを屈曲デフォーマで曲げると、ポリゴンが綺麗にならないので、以下の手順を追ってください。
テキストスプラインを押し出しに入れて押し出した後に編集可能にし、子階層にできたキャップと一緒に選択し、右クリックして**オブジェクトを一体化+消去**を選択します。

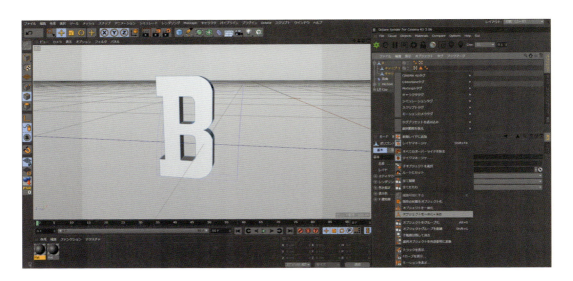

| Step 07 | このままだと、キャップ部分と押し出した側面が連結されていないため、このオブジェクトを選択した状態で**メッシュ＞コマンド＞最適化**を選択し、キャップ部分を連結させます。

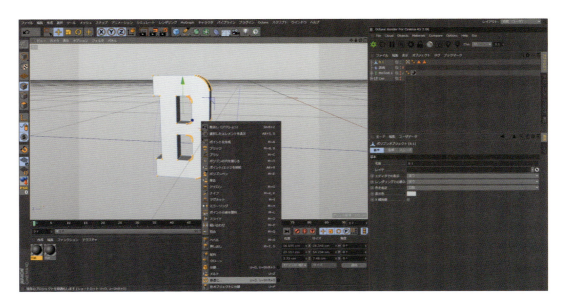

| Step 08 | その後、このオブジェクトのメッシュを全選択し、**ナイフ**（モード：線、可視エレメントのみのチェックを外した状態）で横方向に切り込みを複数入れていきます。その際カメラは前面にすると作業がしやすいです。

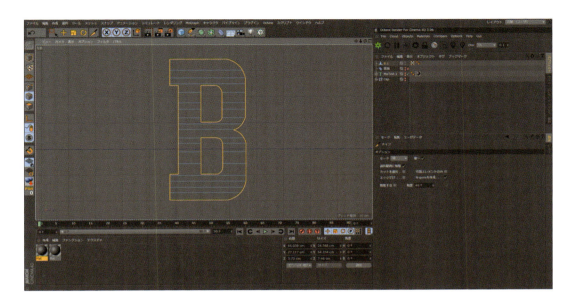

| Step 09 | ある程度切込みを入れたら、**Shift**キーを押しながら**デフォーマ＞屈曲**を選択すると、文字の大きさに合うように配置されます。もしくは**親に合わせる**をクリックでも良いでしょう。
角度を90度にし、強度を30〜40まで上げていきます。
先ほど切込みを入れたので、綺麗な曲線で屈曲されているのがわかります。
これを帽子の前面部分に配置します。

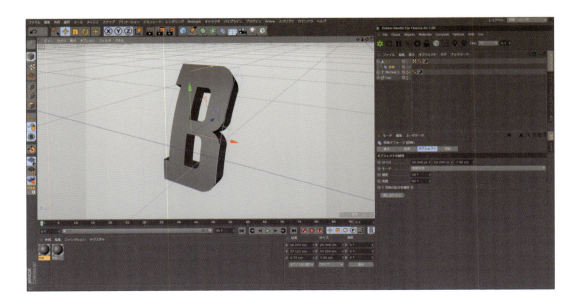

| Step 10 | このままだと、ただ文字を乗せただけの印象になってしまうので、この文字のキャップ部分の外枠をリング選択し、先ほどの手順でスプライン化後、スイープを使い枠線（縁）を加えると印象が良くなります**(Sample Data：3Ch03_08)**。 |

## ハーブ類の制作

植物は、先に茎の部分をスイープで制作したあとに、サブディビジョンサーフェイスで葉の部分を制作し、茎に合わせてクローンさせます。
茎に合わせて複製後、クローナーオブジェクトの変形タブで角度や位置を調整します。
また、葉の大きさがすべて均一だと不自然に見えるので、ステップエフェクタで葉の大きさに変化を持たせます。クローナーを選択した状態で**Mograph＞エフェクタ＞ステップ**を選択し、スケール・位置の値を調整します。またスプラインのカーブも調整しましょう。

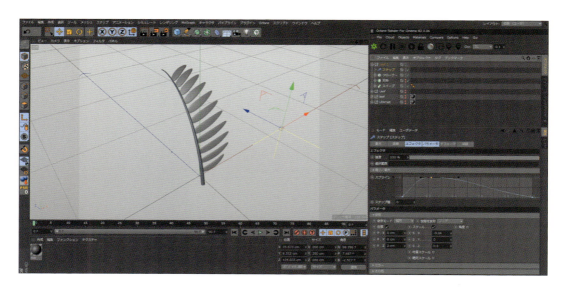

調整が終わったら、このクローナーを対称オブジェクトに入れ、左右対称に複製してください。
大きさや形・葉数の違うものを数種類制作すると良いでしょう**(Sample Data：Ch03_09)**。

## 調味料類の制作

調味料はハンバーガー屋さんで良く目にするケチャップやマスタードをはじめ、大きさや形の違うものを何種類か制作します。
ラベル部分は、平面を**ラップデフォーマ**を使い、ボトル部分に巻きつけています。

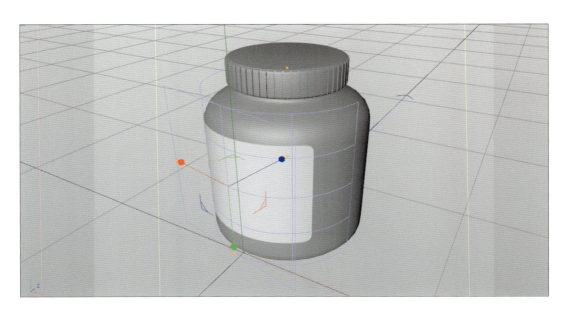

調味料が揃いました(Sample Data：Ch03_10)。

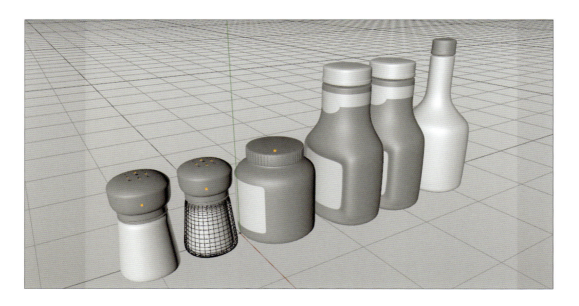

## 電子レンジ・コンロの制作

電子レンジはシンプルな形状で良いでしょう。
立方体の前面を面内に押し出し後、押し出しで穴を作ります。
操作パネルとダイヤルも付けておきます。
コンロは長方形スプラインのフィレットを大きめにし、押し出して土台を作ります。
加熱部分は**クローナー**で**モード：放射**を使って制作します。
ダイヤルも付けておきます(Sample Data：Ch03_11)。

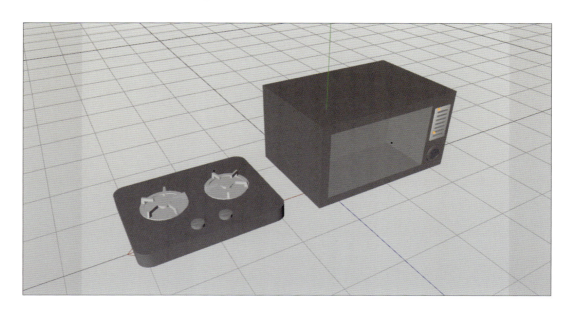

## フライパン・ナイフ・まな板の制作

調理器具を入れることで、絵に動作やストーリーが生まれてきます。
フライパン、ナイフ、まな板を制作します。
一般家庭の調理器具ではなく、お洒落なレストランの厨房にあるようなものを参考にして制作します。また、フライパンは目玉焼きも合わせて制作しておきます。
キャッチーな目玉焼きになるように、エッジは大ぶりにしてシンプルな形状にします。
ナイフやまな板は単純な図形なので、Adobe Illustratorなどで制作したベジェ曲線を読み込み、押し出しに入れて制作しても良いでしょう(Sample Data：Ch03_12)。

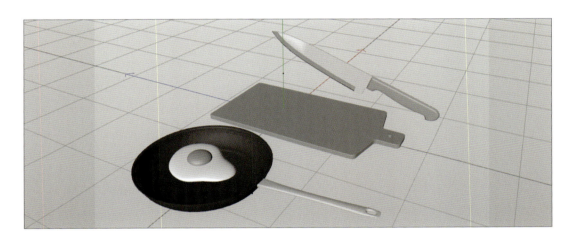

## 看板類の制作

続いて看板類です。こちらも、海外などのお洒落な飲食店の看板などを参考にし、制作します。
文字はセリフ体・サンセリフ体もしくは丸文字・角文字と幅広く制作することで画面が豊かになるので、Motextもしくはテキストスプラインと押し出しで制作するのが良いでしょう。また、画面右上に立てる看板には、グラフィカルな要素を盛り込みます。その際、Adobe Illustratorでアイコンやイラストを作成し、立体化させてください(Sample Data：Ch03_13)。

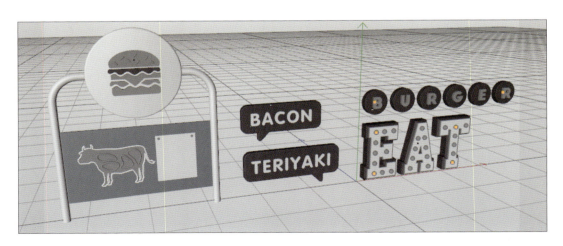

## 機械の制作

ここで最初に制作した作品の土台・建物部分を改めて見てみると、立方体をベースにした単調な構図になっていることに気づきます。

立方体をベースにした方が絵を作りやすいのですが、単調になってしまいます。

そこで、画面脇に大きく、円柱状の機械を配置することで画面にメリハリを持たせようと思います。こちらも、あまり作り込むと他のオブジェクトとのバランスが崩れてしまうので、シンプルなつくりにします。

ここまで様々なオブジェクトを制作してきましたが、緻密なオブジェクトだけでは散漫な絵になってしまうので、大きなスケールの物も入れることで全体のバランスを調整します **(Sample Data：Ch03_14)**。

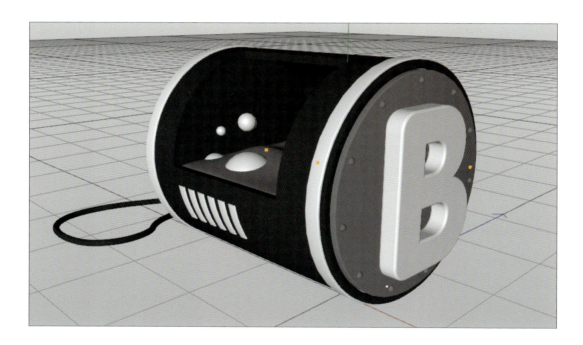

## 3-3-4 素材の配置

主要な素材はある程度揃ってきたので、制作したオブジェクトを一度土台部分に配置してみます。
まずは、ラフで決めた通りに配置してみます。
今回はイラストなので、実際のスケール感はそこまで気にしなくて良いでしょう。
オブジェクト同士の密度と余白感、大きさのメリハリを意識してバランス良く配置してください。

また、壁の電子レンジの部分と入り口は穴を空けておきます。
後で調整しやすいように、ベベルではなくブールで行うと良いでしょう。
入り口の雨よけも制作しておきます (Sample Data：Ch03_15)。

また、調味料の台・枠を追加します。
このあたりは長方形スプラインのフィレットを調整し、スイープや押し出しで制作します。
最後にベルトコンベアを追加してモデリングは完了です。
ベルトコンベアを入れることによって画面に動きが出てきます。

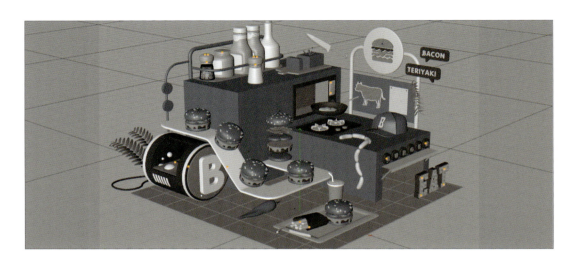

### 3-3-5 構図の検討

モデリングが完了したところで、再度制作したビジュアルを見直してみます。
整理されていますが、配置が規則正しすぎる印象になっています。
3Dミニチュアを制作する際には、ある程度はオブジェクトの向きを揃えた方がまとまりやすいですが、部分的に角度を崩すと画面に動きが出てきます。そこで、手前のハンバーガーのトレイを斜めにし、床からはみ出させ、フライパンや調味料にも動きを加えます(Sample Data：Ch03_16c4d)。

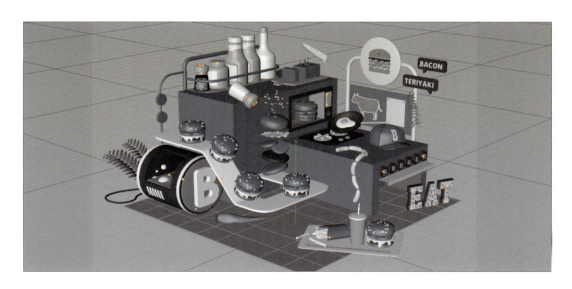

# Chapter 3-4 カメラ・ライティング・レンダリング設定

ここからはOctane Renderを用いたカメラ・ライティング・レンダリング設定について解説していきます。
特にライティングはビジュアルのリッチさや印象を左右する重要な工程なので、平面的な印象にならないように影の階調がはっきりでるように時間をかけて試行錯誤します。Octane Renderの目玉の機能であるLive Viewerでレンダリング結果をリアルタイムで見ながら、陰影を調整していきます。

## 3-4-1 カメラ設定

ライティングの前にカメラの設定をしていきます。また、Octane Render向けの設定も進めていきます。
今回は、ほぼ**アイソメトリック**に近い構図ですが、カメラの投影法がアイソメトリックだと無機質な印象になってしまいますので投影法は透視のままで、焦点距離を標準レンズからポートレートに変更します。こうすることで、パースがかかりすぎない見やすい印象になります。

ある程度余白ができる程度の位置にカメラを調整したら、ロックをかけておきます。
カメラを選択した状態で**タグ＞CINEMA 4Dタグ＞ロック**を選択、次にOctaneレンダーでカメラを使用するために、カメラタグを付けます。

続けて、カメラを選択した状態で**タグ＞c4doctaneタグ＞OctaneCameraTag**を選択します。

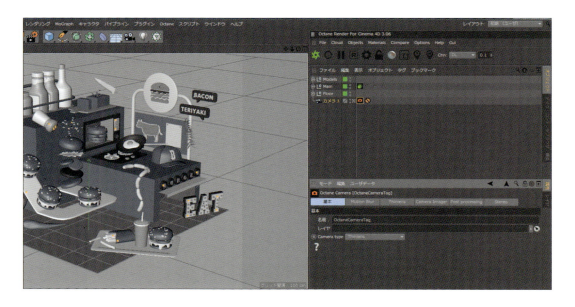

**OctaneCameraTag**には設定項目がタブで並んでいます。
アニメーションの制作の際には**Motion Blur**の設定、また被写界深度などの設定には**Thinlens**を設定しますが、今回は**Camera Imager**の設定だけで良いでしょう。
**Camera Imager**タブに移動し、まずは**Enable Camera Imager**にチェックを入れます。
ここで、**Exposure（露出）**を0.9、および**Gamma（ガンマ値）**を0.9と設定します。

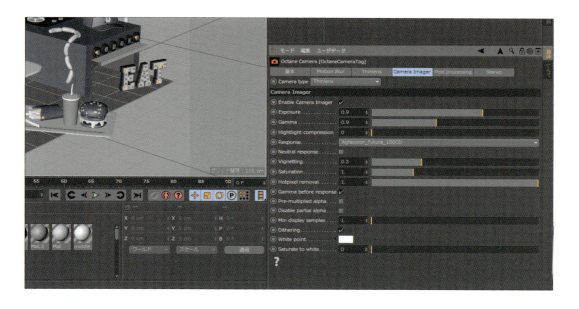

ライティングとの兼ね合いもありますが、陰影をしっかり出してメリハリのある3Dビジュアルにしたいので、ここで露出・ガンマ値を調整し、立体感が出るようにしておきます。これでカメラの設定は完了です。

## 3-4-2 太陽光でのライティング

今回は建物を模したビジュアルなので、太陽光を使います。
ライトにもOctane Render向けの設定が必要になります。
まずは太陽を追加し、デイライトタグを付け、ライトを選択した状態で**タグ**＞**c4doctane**タグ＞**DayLight Tag**を選択します。
値 は、**Turbidity**：4、**Power**：6、**North Offset**：0.6、**Sun Size**：1とします。また、**New Model**のチェックを外し、**Sky color**および**Sun Color**は抑え目の色にしておきます。

**Turbidity**は太陽光の色温度、**Power**で強さを設定し、**North Offset**で太陽の方角を設定します。
**Sun Size**では太陽の大きさ（影のぼかし具合）を設定できます。
夏の強い日差しの時のようなくっきりとした影を出したいときには値を調整しますが、今回は初期値のままで良いでしょう。

## 3-4-3 レンダリング設定

一度、ここまでの状態のレンダリング結果を確認します。
Live Viewerを使えばリアルタイムでレンダリングの結果を確認できます。
Live Viewerを開く前に、メニューの**Octane**＞**Octane Settings**を選択して、**Octane**のレンダリング設定をしておきます。

設定項目は**Direct Lighting**から**Pathtracing**に変更、**Max. samples**：1200、**Diffuse depth**：10、**Specular depth**：10、**Ray epsilon**：0.001、**Filtersize**：1、**Caustic blur**：0.7、**GI clamp**：6、**Path term. Power**：0.3とします。

初期値のDirect Lightingはレンダリングが高速ですが、Pathtracingの方が時間はかかりますがフォトリアルな仕上がりになります。ですので筆者はDirect Lightingはアニメーションの制作の際に使用しています。

また、Max. Samplesは高いほど仕上がりは良いですが、1200あれば充分でしょう。

Diffuse depthおよびSpecular depthは、それぞれ高いほうがディフューズおよびスペキュラが綺麗になりますが、一定値以上はさほど変化がないため、それぞれ10ずつとしています。
ここはLive Viewerを見ながら、仕上がりやレンダリング予想時間を比較しdepthを調整すると良いでしょう。
filtersize、Caustic blur、GI clampは、スペキュラの強いマテリアルを使用するときや、透過マテリアルを使用する際などに発生するノイズを軽減する場合に調整すると有効です。
もしシーンにノイズが発生する場合は、これらの値を調整してみると良いでしょう。
以上でレンダリング設定は完了です。

### 3-4-4 Live Viewerの操作

それではライティングの確認のために、メニューの**Octane**>**Live Viewer Window**を選択してLive Viewerで仕上がりを見てみます。

しばらく経つと、**Live Viewer**に結果が表示されます。
お使いのグラフィックボードによっては時間がかかったり、動作が重くなることがあります。
また、プレビューの速度はシーン内のポリゴン数やテクスチャに左右されるので、プレビュー中あまりに重い場合は、適宜オブジェクトをいくつか非表示にするか、**Live Viewer**は必要時のみ表示させるようにします。

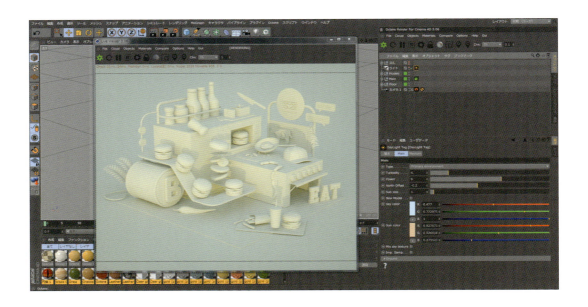

仕上がり・ライティングが確認できました。
まだテクスチャを設定していないので、クレイモードで見ると良いでしょう。
ダイアログのグレーのマークをクリックすると、通常**レンダー＞クレイモード＞マットレンダー**の切り替えができます。

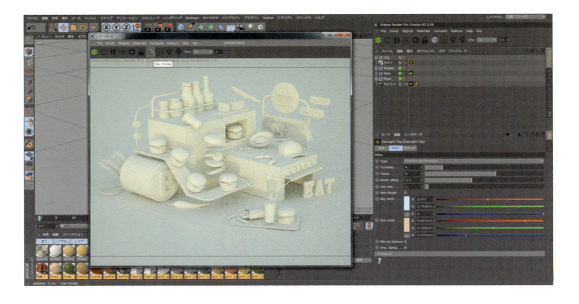

建物のあらゆる面にオブジェクトが配置されていますが、すべて均等に明るくしようとすると立体感が無くなり平面的なビジュアルになってしまいます。明るい場所・暗い場所はある程度分かれるように、太陽の方向を調整すると良いでしょう。
先ほどのDayLight TagのNorth OffsetをLive Viewerを見ながら適宜調整してください。

## 3-4-5 エリアライトで制作する場合

ここで、エリアライトを使ってライティングする方法も見てみます。
先ほどのデイライトは非表示にし、シーンにエリアライトを追加します。
キーライトとフィルライトの2点照明で良いでしょう。
Octane Renderでエリアライトを使用する場合は、デイライトタグではなく、ライトタグを追加します。その場合、ライトを選択した状態で**タグ**＞**c4doctane**タグ＞**Octane LightTag**を選択します。

さらにLight Settingsでライトの強さを設定します。**Power**の数値を調整してください。
**キーライト**は300、**フィルライト**は100にしました。

Live Viewerを開き、看板部分にライトが当たるようにLive Viewerを見ながらライトの位置調整をして完了です。調整しづらい場合はターゲットカメラ化すると良いでしょう。

先ほどのデイライトよりも、今回のエリアライトの方が陰影が付けやすいので、こちらで制作を進めることにします**(Sample Data：Ch03_17)**。

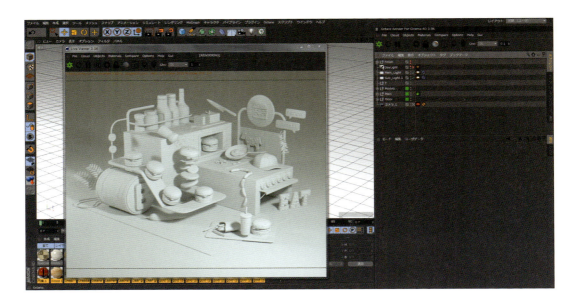

# Chapter 3-5　テクスチャリングと配色計画

ここからはテクスチャリングと配色計画について解説していきます。
今回のビジュアルは複雑な構図で制作しているので、配色は整理して、見る人の視線が散漫にならないように設計していきます。その上で、様々なテクスチャ・質感を与えることで画面を豊かに見せる工夫が必要です。画面が単調にならないように、手描きやベクターでグラフィック素材を作るのも良いでしょう。

## 3-5-1　配色計画・テクスチャの選定

それではテクスチャリングに入っていきます。作業の前に、配色計画を考えます。

今回はハンバーガー店のビジュアルなので、飲食店らしく暖色系の色を中心に展開します。
同系色だけだと単調なビジュアルになってしまうので、補色の緑〜黄緑もアクセントで入れるようにします。アクセントカラーは、画面内に均一に入れるようにすると画面がまとまります。
ですので、**ベースカラー**：黄、赤、茶色、**アクセントカラー**：黄緑色で設定を行っていきます。
また、質感は木や布、金属と幅を持たせるようにします。

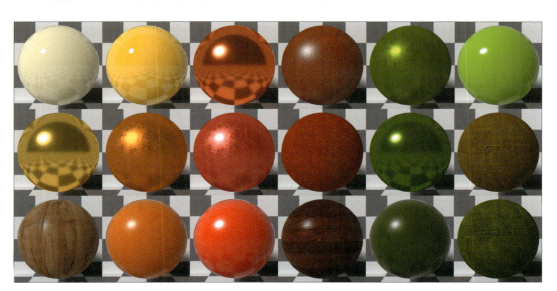

### 3-5-2 マテリアルの制作―Live DB

自分でマテリアルを作る前に、まずはLive DBと呼ばれるOctaneのデータベース上からマテリアルをダウンロードし、メニューから**Octane Dialog＞Materials＞Open Live DB**を選択して参考に見てみます。なお、Live DBはネット接続された状態で閲覧できます。
※体験版だとこの機能は使えないのでご注意ください。

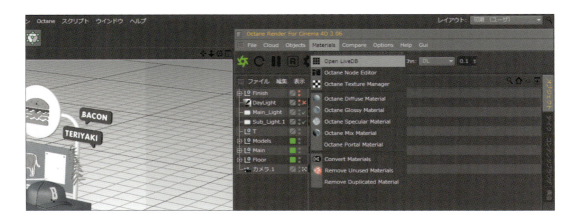

**LiveDB＞Materials**内に**Organic/Non-Organic**と分類されたマテリアルがたくさん表示されます。

今回はWood、Metal、Clothあたりから気になるものをいくつかダウンロードしてみると良いでしょう。好きなマテリアルを選択し、LiveDB左上のDownloadをクリックします。
しばらくするとマテリアルマネージャに、ダウンロードされます。

## 3-5-3 マテリアルの制作―基本的なマテリアルの制作

今度は一から自分でマテリアルを制作してみます。
基本となる**Diffuse Material**、**Glossy Material**、**Specular Material**を制作してみます。

**Step 01** まずはマテリアルマネージャより、**作成＞シェーダ＞c4doctane＞Octane Material**を選択し、マテリアルを追加します。

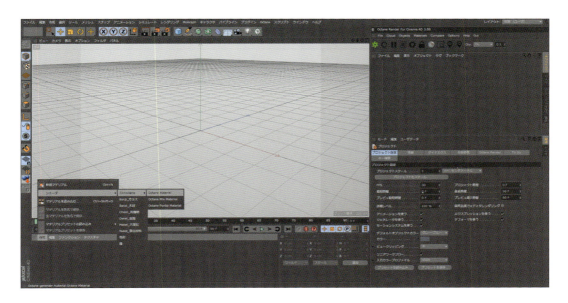

白いディフューズマテリアルが追加されました。
スペキュラのない、クレイのような状態のマテリアルです。

| Step 02 | Diffuseから、ディフューズカラーを黄色に変えておきます。 |

| Step 03 | 次に、Glossy MaterialのMaterial TypeをGlossyに変更します。 |

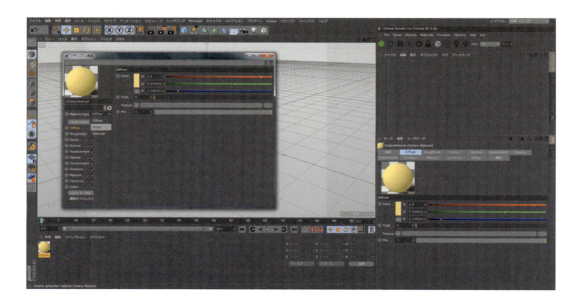

スペキュラのあるマテリアルに変化しました。

| Step 04 | Glossy MaterialではSpecularでスペキュラ色の設定、Roughnessでラフネスの設定、Indexで反射の強さの設定を行います。 |

筆者は金属のマテリアルを制作する際には、Roughnessにひっかき傷のグレースケール画像を設定したりしています。

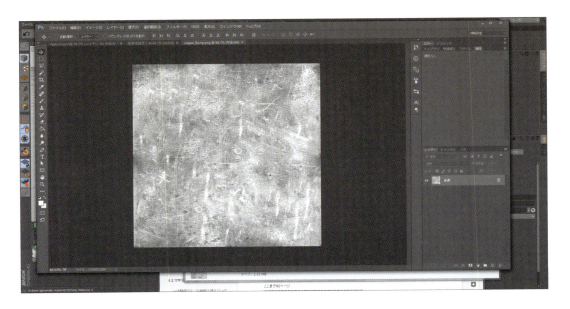

**Step 05** 次に**Specular Material**から**Material Type**を**Specular**に変更します。

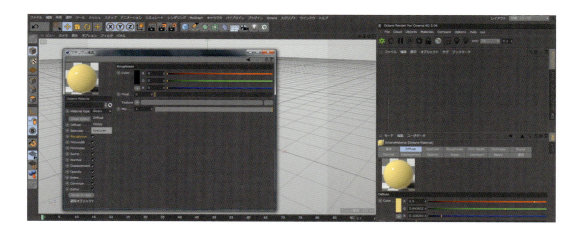

ガラスのような、透過のあるマテリアルに変化します。

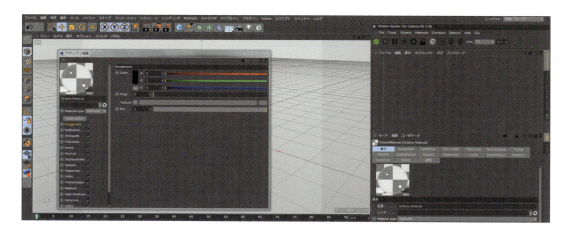

**Specular Material**を使用する際には、ノイズが発生することがあるのでレンダリング設定から**filtersize**、**Caustic blur**、**GI clamp**の値を調整するようにします（レンダリング設定の項を参照）。

> **Tips** | 標準レンダラのマテリアルを変換
>
> もし、CINEMA 4Dの標準マテリアルをOctane用に変換する場合は、マテリアルを選択した状態で**Octane Dialog**の**Materials＞Convert Materials**を選択し、変換することも可能です。
>
>

## 3-5-4 グラフィック素材の制作

これまで準備した木や金属といったマテリアルだけでなく、
グラフィカルなマテリアルを用意するのも良いでしょう。
Adobe Illustratorで制作したタイポグラフィをAdobe Photoshopで加工し、壁のチョーク画、
調味料や食品のパッケージとして使用しています。

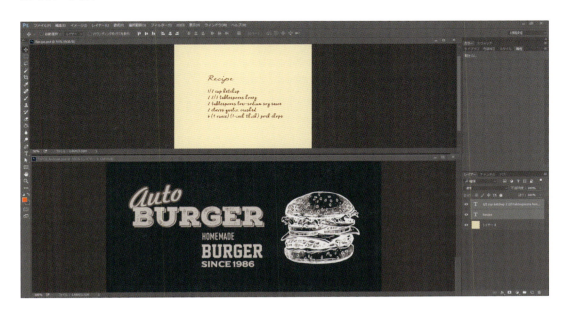

制作したPSDデータをDiffuseに適用しています。
制作した画像をDiffuseに適用する場合は、texture＞C4doctane＞ImageTextureを選択
後に指定するのが一般的ですが、texture＞C4doctane＞ColorCorrectionを適用後に画像
を指定すれば、読み込んだ画像をCINEMA 4D内で色変更ができるのでお勧めです。

Textureに制作した画像を指定して、Hue、Saturationで色味を変更できるようになります。

# Chapter 3-6 レンダリング

いよいよレンダリングに入っていきます。
レンダリングに入る前に、Octane Rendererでのレンダリングの出力設定について見ていきます。
後にレタッチでビジュアルを調整していくので、マルチパスを設定していきます。

## 3-6-1 レンダリングの設定

マテリアルを適用させて、微調整していきプレビューも問題なければレンダリングに入ります。
レンダリング設定を開きます。

まずは、レンダラをOctane Rendererに変更し、出力サイズなどの設定もしておきます。
今回はマルチパスを使用するので、**Octane Renderer**の設定項目を見ていきます。
**Render passes**タブに移動し、**Enable**にチェックを入れます。
マルチパスおよび特殊効果に自動的にチェックが入っていることを確認します。

Beauty Pass内で出力する項目にチェックを入れます。
今回はReflection D.、Reflection I.あたりで良いでしょう。

通常画像およびマルチパス画像の保存先も設定し、出力サイズも設定したらレンダリングを開始します(Sample Data：Ch03_18)。

## Chapter 3-7 レタッチ〜仕上げ

ここからは最後の仕上げに簡単なレタッチ作業を行います。
既にレンダリングでほぼイメージどおりの仕上がりになっていますが、より質感を際立たせたり、色味を微調整すると良いでしょう。
素のレンダリング画像を元に、マルチパス画像で質感を強調する方法や、基本的なPhotoshop上でのレタッチ作業について解説していきます。

### 3-7-1 レタッチ作業

レンダリングが完了したら、レタッチに入ります。
通常画像のままでも充分な仕上がりですが、マルチパス画像を上から覆い焼き（リニア）などの別の描画モードで重ねることにより、スペキュラなどを強調することができます。

**Step 01** 通常画像およびマルチパス画像をPhotoshopで開き、マルチパス画像のレイヤーをすべて選択し、通常画像の上に**Shift**キーを押しながらドラッグします。

| Step 02 | レイヤーの**描画モード**を覆い焼き(リニア)－加算やスクリーンにしてみます。レイヤーの不透明度を変えたり、各マルチパスレイヤーをレベル補正で調整してください。マルチパスレイヤーを以下の値に調整します。|

### Reflection direct
描画モード：覆い焼き(リニア)－加算
不透明度：70%

### Reflection indirect
描画モード：スクリーン
不透明度：40%

スペキュラが強調されたのがわかると思います。

| Step 03 | またピントも調整しておきます。
まず、レイヤー最下部の画像をスマートオブジェクト化します。 |

次に**フィルター＞シャープ＞アンシャープマスク**を選択します。

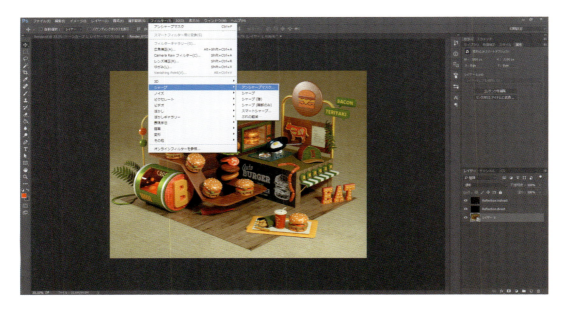

多少シャープネスをかけると良いでしょう。
かけすぎるとわざとらしい印象になってしまうので、気持ち程度にします。

| Step 04 | また、CGっぽい無機質さが気になったので**フィルター＞ノイズ＞ノイズを加える**で若干ノイズを加えます。
その結果、より自然な仕上がりになります。

| Step 05 | 最後に、全体の色味を調整します。
トーンカーブで、もう少し陰影をはっきりさせます。
暗部のカーブを若干下げ、明部のカーブをやや上げます。 |

| Step 06 | 陰影だけでなく、RGBのチャンネルも設定しておきます。
レッドのチャンネルを若干上げ、全体が暖色系の印象になるようにします。 |

もし部分的に色味を調整したい場合は、CINEMA 4Dに戻り、**タグ＞C4doctane**タグ＞
**Octane ObjectTag**を選択し、マスク画像を書き出して調整します。

このObjectTagでIDの指定ができますが、複数のマスクを書き出したいときには、個別にIDを指定するようにします。
また、レンダリング設定の**Render passes**タブの**Info passes**の**Object ID**にチェックを入れるのを忘れないようにします。

これで指定したIDのマスクが書き出されます。

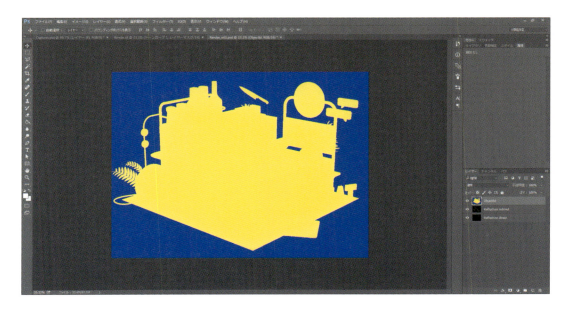

完成画像は下図になります(Sample Data：Ch03_19)。

# Chapter 3-8 ギャラリー

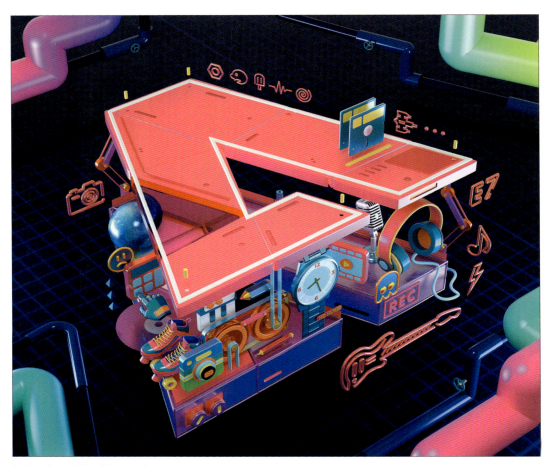

Adobe Stock Visual Trends 1
Adobe Stockからの依頼で制作したアートワーク。
Adobe Stockが扱うアセットの多様さを表現したビジュアル。

Adobe Stock Visual Trends 2
同じく、Adobe Stockからの依頼で制作したアートワーク。

Hotel Hair Ball
ミニチュアのような印象のビジュアル。
様々な質感の素材でバランスよく配置した。

Dynaudio Art Project
デンマークのオーディオメーカー Dynaudioの依頼で制作。
スピーカーを子供向けにビジュアル化した作品。

Monster Donuts
クレイアニメのような印象で制作した作品。

YouTube Space Art Project
YouTubeが運営するYouTube Spaceのためのアートワーク。
YouTubeのPlayボタンをモチーフにビジュアル化した。

Auto Barber
架空のバーバーショップを3Dで表現。
ストーリーを感じるようなビジュアルに仕上げた。

Warner Bros. Movie World, Gold Coast, Australia 3D Map
オーストラリアのテーマパークのビジュアルを制作。
入場者に配布されるマップとして利用された。

Ordinary Days
スペキュラを強調したブロックトイのような質感で、ミニチュアの世界を表現した作品。
様々なオブジェクトをバランスよく配置した。

## 3-8-1　まとめ

3Dイラストレーターとして仕事を貰うためには、自分の目指す世界観の作品を継続的にネット上にアップするのが良いでしょう。作品がある程度増えてきた頃には受注も来るようになりますが、忙しくても個人制作は続けるようにします。
また、個人作品を制作する際には、案件を想定したものなど、発注する側の求める作品を考えて制作すると発注につながります。

### 自分の世界観を作るには

近年特に海外では3Dイラストレーターが急増しているため、その中でも他と差別化できるような、自分らしい世界観を作ると良いでしょう。ある程度、3Dイラストのトレンドなども踏まえても良いと思います。

自分のオリジナリティを意識するには、ネット上で作品を見る際に「どんな作品が好きでどんな作品が嫌いか」を意識すると良いでしょう。そして自分が制作をする際にも、「どんなテイストが得意でどんなテイストが苦手か」を意識すれば、自分の作風を確立していけるはずです。

# 索引

## A

Adobe Photoshop . . . . . . . . . . . . . . . . . . . .087, 259
AdvBitmap . . . . . . . . . . . . . . . . . . . . . . . . . . . . .070
Agisoft PhotoScan. . . . . . . . . . . . . . . . . . .003, 004
Arnold Beaty . . . . . . . . . . . . . . . . . . . . . . . . . . . 182
Arnold Renderer. . . . . . . . . . . . . . . . . . . . . . . . 186
Arnold Shader Network Editor . . . . . . . . . . . 180
Arnold sky. . . . . . . . . . . . . . . . . . . . . . . . . . . . . . 178
Arnold skydome_light . . . . . . . . . . . . . . . . . . . 178
Asset/Tx Manager . . . . . . . . . . . . . . . . . . . . . . 188

## B

BP-UV Edit . . . . . . . . . . . . . . . . . . . . . . . . .167, 173
bump2d. . . . . . . . . . . . . . . . . . . . . . . . . . . . . . . . 180

## C

C4doctane . . . . . . . . . . . . . . . . . . . . . . . . . . . . . 259
Camera. . . . . . . . . . . . . . . . . . . . . . . . . . . . . . . . 184
Camera Imager . . . . . . . . . . . . . . . . . . . . . . . . 246
color_correct . . . . . . . . . . . . . . . . . . . . . . . . . . . 180
ColorCorrection . . . . . . . . . . . . . . . . . . . . . . . . 259
Ctrlキー . . . . . . . . . . . . . . . . . . . . . . . . . . . . . . . . 010
CURVATURE . . . . . . . . . . . . . . . . . . . . . . . . . . . . 182

## D

DayLight Tag . . . . . . . . . . . . . . . . . . . . . . . . . . . 247
Diffuse . . . . . . . . . . . . . . . . . . . . . . . . . . . .183, 256
Diffuse Material. . . . . . . . . . . . . . . . . . . . . . . . 255
Dirtシェーダ . . . . . . . . . . . . . . . . . . . . . . . . . . . 085

## E

Enable Camera Imager . . . . . . . . . . . . . . . . . 246
Enable/disable debug shading mode . . . . . 183
Exponential . . . . . . . . . . . . . . . . . . . . . . . . . . . . 080
Exposure . . . . . . . . . . . . . . . . . . . . . . . . . . . . . . 246

## G

Gamma. . . . . . . . . . . . . . . . . . . . . . . . . . . . . . . . 246
GI . . . . . . . . . . . . . . . . . . . . . . . . . . . . . . . . . . . . . 079
Glossy. . . . . . . . . . . . . . . . . . . . . . . . . . . . . . . . . 256
Glossy Material . . . . . . . . . . . . . . . . . . . .255, 256
GPUベースのリアルタイムレンダリング . . . .057

## H

Hue . . . . . . . . . . . . . . . . . . . . . . . . . . . . . . . . . . . 260
Humans . . . . . . . . . . . . . . . . . . . . . . . . . . . . . . . 106

## I

IBL Arnold skydome_light . . . . . . . . . . . . . . . 178
ImageTexture. . . . . . . . . . . . . . . . . . . . . . . . . . 259
imageポート . . . . . . . . . . . . . . . . . . . . . . . . . . . 180
IPR Window . . . . . . . . . . . . . . . . . . . . . . . . . . . . 183

## L

layerポート . . . . . . . . . . . . . . . . . . . . . . . . . . . . 181
Linear Multiply. . . . . . . . . . . . . . . . . . . . . . . . . 080
Live Viewer . . . . . . . . . . . . . . . . . . . . . . . .245, 249
Live Viewer Window. . . . . . . . . . . . . . . . . . . . 249
Lキー . . . . . . . . . . . . . . . . . . . . . . . . . . . . . . . . . . 137

## M

Materials . . . . . . . . . . . . . . . . . . . . . . . . . . . . . . 254
Material Type. . . . . . . . . . . . . . . . . . . . . . . . . . 256
Max Subdivision . . . . . . . . . . . . . . . . . . . . . . . 080
Mograph . . . . . . . . . . . . . . . . . . . . . . . . . .051, 238
Motion Blur. . . . . . . . . . . . . . . . . . . . . . . . . . . . 246

## N

N-Gon . . . . . . . . . . . . . . . . . . . . . . . . . . . . .109, 110
noise . . . . . . . . . . . . . . . . . . . . . . . . . . . . . . . . . . 182

## O

Object ID........................268
object_mask......................192
OctaneCameraTag..................245
Octane Dialog ..............217, 254
Octane LightTag..................251
Octane Material .................255
Octane ObjectTag.................268
Octane Render ..............216, 245
Octane Renderer .................261
Octane Settings .................247
Open Live DB.....................254
Open network editor..............180
Optical Flares...................192
Organic/Non-Organic..............254

## P

Photoscan........................006
Pixologic ZBrush.................104
Prime.......................106, 145
ProRender........................057
PSR..............................218
PSRをリセット....................218

## Q

Quad Light.......................178
Qキー............................112

## R

Reflection D.....................262
Reflection direct................264
Reflection I.....................262
Reflection indirect..............264
Render Elements..................083
Render passes....................261

## S

Replace texture with.tx..........189
Roughness........................257

Saturation.......................260
SDS....................006, 012, 104
SDSウェイト......................055
SDSの子..........................157
SDS分割数........................055
Shiftキー...................237, 263
Specular Color...................069
Specular Layer Parameters........069
Specular Material................255
standard_surface.................179

## T

TeamRender.......................081
Thinlens.........................246

## U

UV...............................167
UVW..............................059
UVW座標を生成....................169
UVWタグ..........................059
UV境界...........................168
UVチェッカー.....................172
UVテラス.........................171
UVテラスツール...................061
UV編集作業.......................060
UVポリゴン.................059, 060
UVマネージャ.....................170
UVメッシュレイヤを作成...........175

## V

V-ray AdvBitmap..................070
V-ray Bridge.....................082

V-Ray for CINEMA 4D..........................057
V-Ray Multipass Manager............082, 085

## あ

アイソメトリック..............................245
アクセントカラー..............................253
アンシャープマスク............................265
アンビエントオクルージョンパス..........083

## い

移動・回転ツール..............................063
移動ツール........................................015
インスタンス....................................165
インスタンスオブジェクト..................137

## え

エッジ選択範囲をスプラインに............235
エッジモード....................................031
エッジをスプラインにツール.....030, 032, 050
エディタでの表示..............................041
エフェクタ........................................238
エリアドームライト..........................068
エリアライト...........................076, 251

## お

押し出し角度............................018, 021
オブジェクト....................................015
オブジェクトを一体化+消去................033
オブジェクトをグループ化..................017

## か

空のポリゴン....................................122

## き

キーライト...............................076, 078
境界線ループ....................................124

## く

屈曲.................................................237
屈曲デフォーマ.................................045
グリッド...........................................219
グリッドの間隔.................................220
クローナー........................................051
クローナーオブジェクト.............149, 228
グローバル・イルミネーション...........079

## け

消しゴムツール.................................121
現在の状態をオブジェクト化..............136

## こ

コンテンツブラウザ..........................145
コンポジション.................................194

## さ

サーフェイスデフォーマ....................039
サイズを均一....................................171
再整列.............................................171
最適化......................................019, 226
細分化.............................................040
細分化：サブディビジョンで分割..........050
サブディビジョンサーフェイス.....006, 012
サブディビジョンサーフェイスモデリング...104
サブディビジョン分割........................041

## し

軸を有効.........................................137

## す

スイープオブジェクト...........025, 027, 036
スカルプトタグ.................................117
スカルプトモデリング................104, 116
スケールツール..........................063, 124
スタジオセットアップ.......................074
スタンプ.........................................120
スナップを有効.................................122

スプラインラップデフォーマ . . . . . . . . . . . . . . . 053
スペキュラ . . . . . . . . . . . . . . . . . . . . . . . . . 057, 068
スペキュラレイヤー . . . . . . . . . . . . . . . . . . . . . . 068

## せ

セグメントを連結ツール . . . . . . . . . . . . . . . . . . 034
選択したエッジで分離 . . . . . . . . . . . . . . . . . . . . 171

## た

対称オブジェクト . . . . . . . . . . . . . . . . . . . . . . . . 107
多角形 . . . . . . . . . . . . . . . . . . . . . . . . . . . . . . . . . 109
多角形スプライン . . . . . . . . . . . . . . . . . . . . . . . . 035

## ち

長方形スプライン . . . . . . . . . . . . . . . . . . . . . . . . 027

## て

テクスチャプレビュサイズ . . . . . . . . . . . . . . . . 105
テクスチャリング . . . . . . . . . . . . . . . . . . . . . . . . 253
デザインコンセプト . . . . . . . . . . . . . . . . . . . . . . 101
転写ツール . . . . . . . . . . . . . . . . . . . . . . . . 046, 048

## と

投影から設定 . . . . . . . . . . . . . . . . . . . . . . . . . . . 170
投影ツール . . . . . . . . . . . . . . . . . . . . . . . . . . . . . 025
投影モード . . . . . . . . . . . . . . . . . . . . . . . . . . . . . 008
トポロジー . . . . . . . . . . . . . . . . . . . . . . . . . . . . . 122

## な

ナイフ . . . . . . . . . . . . . . . . . . . . . . . . . . . . 107, 119

## の

ノイズを加える . . . . . . . . . . . . . . . . . . . . . . . . . 266

## は

ハードエッジ . . . . . . . . . . . . . . . . . . . . . . . . . . . 104
配色計画 . . . . . . . . . . . . . . . . . . . . . . . . . . . . . . . 253
パス選択 . . . . . . . . . . . . . . . . . . . . . . . . . . . . . . . 031
バックライト . . . . . . . . . . . . . . . . . . . . . . . . . . . 078
パノラマHDRI . . . . . . . . . . . . . . . . . . . . . . . . . . 068
パレットをカスタマイズ . . . . . . . . . . . . . . . . . . 217

## ふ

フィジカルレンダラ . . . . . . . . . . . . . . . . . . . . . . 057
フィルライト . . . . . . . . . . . . . . . . . . . . . . . . . . . 078
ブールオブジェクト . . . . . . . . . . . 126, 135, 138
不正なポリゴン . . . . . . . . . . . . . . . . . . . . . . . . . 109
プレビュー設定 . . . . . . . . . . . . . . . . . . . . . . . . . 105

## へ

ペイントセットアップウィザード . . . . . . . . . . 173
ベースカラー . . . . . . . . . . . . . . . . . . . . . . . . . . . 253
ベースメッシュ作成 . . . . . . . . . . . . . . . . . . . . . 105
ベースメッシュモデリング . . . . . . . . . . . . . . . 105
別オブジェクトに分離 . . . . . . . . . . . . . . . . . . . 016
ベベル . . . . . . . . . . . . . . . . . . . . . . . . . . . . . . . . . 134
ベベルデフォーマ . . . . . . . . . . . . . . . . . . . . . . . 140

## ほ

ポイントモード . . . . . . . . . . . . . . . . . . . . . . . . . 029
ポイントを作成ツール . . . . . . . . . . . . . . . . . . . 027
法線に沿って移動 . . . . . . . . . . . . . . . . . . . . . . . 014
ポリゴンスナップ . . . . . . . . . . . . . . . . . . . . . . . 122
ポリゴンブラシサイズ . . . . . . . . . . . . . . . . . . . 123
ポリゴンペン . . . . . . . . . . . . . . . . . . 008, 012, 107
ポリゴンモデリング . . . . . . . . . . . . . . . . . . . . . 104
ポリゴンモデル . . . . . . . . . . . . . . . . . . . . . . . . . 133

## ま

マグネット機能:使用する . . . . . . . . . . . . . . . . 063
マグネットツール . . . . . . . . . . . . . . . . . . . . . . . 224
マットレンダー . . . . . . . . . . . . . . . . . . . . . . . . . 250
マッピング(U,V) . . . . . . . . . . . . . . . . . . . . . . . . 042
マテリアル . . . . . . . . . . . . . . . . . . . . . . . . . . . . . 057
マテリアルマネージャ . . . . . . . . . . . . . . . . . . . 179

## め

メッシュ..............................109
メッシュチェック........................109

## も

モード：放射............................240
モデルの設計図..........................103

## ら

ライティング............................075
ラインカットツール......................027
ラップデフォーマ........................239

## り

リトポロジー............................122
リトポロジーモデリング..................006
リフレクション..........................068
リラクゼーション........................174
リラックスUV............................171

## る

ループカット............................107
ループ/パスカットツール.................113
ルミナンスキー反転マット................192

## れ

レイヤーマネージャ......................164
レールスプライン........................036
レガシーモード..........................220
レンダーキュー..........................194
レンダラ................................057
レンダリング........................176, 261
レンダリングでの表示....................041

## ろ

ローポリ+SDS............................012

## 著者略歴

### ■阿部 司
CAD専門学校在籍時に建築パースに興味を持ち、建築パース制作会社に入社。
業務の傍ら、「aspicworks」を立ち上げプロダクトCGを中心に個人活動を開始。
2010年に独立し、プロダクトCG・建築CGを中心にジャンルを問わず業務を開始。
メインモデラーにCINEMA 4Dを使用し、レンダラはVray for CINEMA 4D、Corona Rendererをメインに使用。

### ■遠藤 舜
1991年宮城県出身。
東京勤務を経て現在福岡で株式会社annolabに勤務。
主に映像制作をメインにしつつ、他には3DCGグラフィック、リアルタイム向けモデルなどを制作。
メインツールはCINEMA 4D。プロジェクトに応じてADOBEソフト各種、Substance Painter、ZBrushなどを使用。
twitter： @yamatax_15
Artstation： https://www.artstation.com/yamyam

### ■豊田 遼吾
1986年生まれ。3Dイラストレーター／モーションデザイナー。
2014年、グラフィックデザイナーから3Dイラストレーターに転身し独立。
2016年、MAXONユーザーミーティング2016に登壇。
3Dイラストを軸に国内外の広告を手掛ける。
主な作品にADOBE STOCKアートワーク、YOUTUBE SPACEアートプロジェクト、電通PR CUBE MONKEYSアニメーションなど。
ウェブサイト： http://rgtd.net/
Instagram： @ryogotoyoda
Twitter： @Ryogo_Quberey

# CINEMA 4D
# プロフェッショナルワークフロー

2017年12月25日　初版第1刷 発行

| | |
|---|---|
| 著　　　者 | 阿部 司、遠藤 舜、豊田 遼吾 |
| 発 行 人 | 村上 徹 |
| 編集部担当 | 堀越 祐樹 |
| 発　　　行 | 株式会社 ボーンデジタル |
| | 〒102-0074 |
| | 東京都千代田区九段南 1-5-5 |
| | 九段サウスサイドスクエア |
| | Tel：03-5215-8671　Fax：03-5215-8667 |
| | www.borndigital.co.jp/book/ |
| | E-mail：info@borndigital.co.jp |
| 編集 | 株式会社 三馬力 |
| 印刷・製本 | 株式会社 東京印書館 |
| 協賛 | 株式会社 ティー・エム・エス |

ISBN：978-4-86246-400-2
Printed in Japan

Copyright © 2017 by Tukasa Abe, Shun Endo, Ryogo Toyoda and Born Digital, Inc. All rights reserved.

価格は表紙に記載されています。乱丁、落丁等がある場合はお取り替えいたします。
本書の内容を無断で転記、転載、複製することを禁じます。